普通高等教育"十二五"应用型规划教材

U0376612

土木工程 CAD

主　编　容　姣　张书华
副主编　高　洁　毛小敏　臧　园

东南大学出版社
·南京·

内 容 简 介

本书根据土木工程专业的培养要求编写而成,充分结合工程制图实际需求,内容翔实合理,章节设置合理有序,讲解透彻,具有很强的实用性,适合应用型本科及高等职业教育院校使用。

本书分为 12 章。包括中文版快速入门、辅助工具的使用、常用绘图命令、基本编辑命令、图层与对象特性、高级绘图与编辑、文字与表格、尺寸标注、绘制建筑平立剖面图。各章均有绘图实例,启动命令的方法和操作过程,以及习题图形等。学生通过对本课程的学习后,既能掌握软件的基本操作技能,又能提高分析解决问题的能力。

图书在版编目(CIP)数据

土木工程 CAD / 容姣,张书华主编. —南京:东南大学出版社,2016.1(2018.12 重印)
ISBN 978-7-5641-6330-3

Ⅰ.①土… Ⅱ.①容… ②张… Ⅲ.①土木工程—建筑制图—计算机制图—AutoCAD 软件 Ⅳ.①TU204-39

中国版本图书馆 CIP 数据核字(2016)第 013098 号

土木工程 CAD

出版发行:东南大学出版社
社　　址:南京市四牌楼 2 号　邮编:210096
出 版 人:江建中
责任编辑:史建农　戴坚敏
网　　址:http://www.seupress.com
电子邮箱:press@seupress.com
经　　销:全国各地新华书店
印　　刷:虎彩印艺股份有限公司
开　　本:787mm×1092mm　1/16
印　　张:12.75
字　　数:323 千字
版　　次:2016 年 1 月第 1 版
印　　次:2018 年 12 月第 4 次印刷
书　　号:ISBN 978-7-5641-6330-3
印　　数:4801—5800 册
定　　价:38.00 元

前　言

近年来 AutoCAD 计算机绘图教学改革不断深入,从教学内容到教学手段不断推出新思路和新方法。本书充分结合工程制图实际需求,内容翔实合理,章节设置合理有序,讲解透彻,具有很强的实用性。

本书在讲述 AutoCAD 中文版的功能时,注重在工程制图中如何充分发挥其应用功能,提高绘图效率。对各命令的应用技巧,以及各命令之间的综合应用均做了重点阐述,尤其是对二维绘图中常用且十分重要的命令(如直线、圆及圆弧、多线等命令)、绘图辅助工具命令(如对象捕捉、对象追踪等命令)和修改命令(如修剪、镜像、阵列等命令),都详尽地陈述了其应用场合和使用技巧,并配以实例说明。

本书在章节安排上,有易学的常用内容介绍,也有建筑平、立、剖面图的绘制实例,体现了由浅入深、循序渐进、注重实用的原则。内容相对集中,便于对照学习。

本书由湖北商贸学院容姣、三峡大学科技学院张书华任主编,湖北商贸学院高洁、武汉生物工程学院毛小敏及武汉科技大学城市学院臧园任副主编,全书由容姣修改并统稿。

在多年的教学实践中,作者积累了一些教学经验,将多年的教学和科研经验都融入了本书中,学生通过对本书课程的学习后,既能掌握软件的基本操作技能,又能综合运用各项功能解决实际问题。限于作者水平,本书难免有不妥之处,恳请专家和广大读者批评指正。

编者

2015 年 11 月

目　录

1

AutoCAD 2008 中文版快速入门

1.1 概述

1.1.1 AutoCAD 发展概况

AutoCAD 是美国 Autodesk 公司于 1982 年推出的一种通用的计算机辅助绘图和设计软件。随着技术的不断更新,AutoCAD 也在日益创新,从 1982 年开始的 AutoCAD 1.0 版到 2008 年 AutoCAD 2008 版的推出,共经历了多种版本的演变,在功能上已经十分成熟,而且易于使用。CAD 软件最大的特点是绘制灵活、成图效率高,深受广大工程技术人员的欢迎。

AutoCAD 2008 提供了大量的绘制二维图、标注尺寸、填充、文本等功能强大的工具,可以满足土木工程设计中的各种需要。

1.1.2 学习 AutoCAD 2008 的方法

AutoCAD 2008 绘图软件具有本身的特点,要学好它,可从以下几方面着手:

(1) 对 AutoCAD 绘图应从基本画面认识开始,如菜单、工具栏、状态栏、绘图编辑区、提示信息区等;键盘的特殊控制键操作是否熟悉并且应用自如。

(2) 开始学习绘图指令时,应从最容易、最基本的绘图指令开始学起,如画直线、圆弧、圆及多边形等。

(3) 使用 CAD 绘图,最大优点之一就是能够精确绘图。CAD 提供了许多辅助工具,掌握好这些工具不仅能够精确绘图,而且还会大大提高绘图效率。

(4) 学会使用 CAD 提供的显示、缩放命令,观看屏幕上的图形,才能增加绘图的方便性。

(5) CAD 绘制的图绘出的线可以调整线型、线宽、颜色。

(6) 传统绘图中的尺寸标注是每个尺寸都要知道尺寸的大小才能进行标注,标注符号绘制较繁琐。而 CAD 中尺寸标注只要设置好标注类型,尺寸大小可自动进行测量,标注尺寸方便迅速、标准。

以上是给初学者的一些建议,在学习过程中,还需要多上机操作练习,遇到具体问题及时解决是学习的好方法。

1.2 启动 AutoCAD 2008

与其他软件相似，AutoCAD 2008 也提供了几种启动方法，下面分别进行介绍。

★ 通过"开始"程序菜单启动：AutoCAD 2008 安装好后，系统将在开始程序菜单中创建 AutoCAD 2008 程序组。单击该菜单中的相应程序就可以启动了。

★ 通过桌面快捷方式启动：方法为双击桌面上的 AutoCAD 2008 图标，如图 1-1 所示。

图 1-1　桌面图标

★ 通过打开已有的 AutoCAD 文件启动：如果用户计算机中有 AutoCAD 图形文件，双击该扩展名为". dwg"的文件，也可启动 AutoCAD 2008 并打开该图形文件。

启动 AutoCAD 2008 后，系统将显示如图 1-1 所示的 AutoCAD 2008 启动图标，直接进入 AutoCAD 2008 工作界面。

1.3 AutoCAD 2008 工作界面介绍

AutoCAD 2008 中文版窗口中大部分元素的用法和功能与其他 Windows 软件一样，而一部分则是它所特有的。如图 1-2 所示，AutoCAD 2008 中文版工作界面主要包括标题栏、下拉

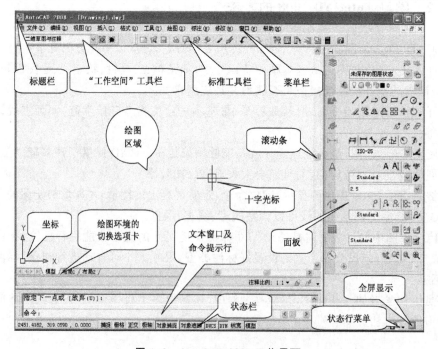

图 1-2　AutoCAD 2008 工作界面

菜单、工具栏、绘图区域、坐标系图标、屏幕菜单、命令行及命令窗口、状态栏以及十字光标和滚动条等。

1.3.1 标题栏

标题栏的功能是显示软件的名称、版本以及当前绘制图形文件的文件名。在标题栏的右边为 AutoCAD 2008 的程序窗口按钮 ，实现窗口的最大化或还原、最小化以及关闭 AutoCAD 软件。运行 AutoCAD 2008，在没有打开任何图形文件的情况下，标题栏显示的是"AutoCAD 2008 -[Drawing1. dwg]"，其中"Drawing1. dwg"是系统缺省的文件名。

1.3.2 菜单栏

在 AutoCAD 2008 中下拉菜单包括了【文件】【编辑】【视图】【插入】【格式】【工具】【绘图】【标注】【修改】【窗口】【帮助】共 11 个菜单项，用户只要单击其中的任何一个选项，便可以得到它的子菜单。如图 1-3 所示。

如果要使用某个命令，用户可以直接用鼠标单击菜单中相应命令即可，这是最简单的方式。也可以通过选项中的相应热键，这些热键是在子菜单中用下划线标出的。AutoCAD 2008 为常用的命令设置了相应快捷键，这样可以提高用户的工作效率。例如，绘图过程中经常要进行剪切、复制、粘贴命令，用户可以先选中对象，然后直接按下【Ctrl＋X】为剪切、【Ctrl＋C】为复制、【Ctrl＋V】为粘贴。

另外，在菜单命令中还会出现以下情况：

★ 菜单命令后出现"…"符号时，系统将弹出相应的子对话框，让用户进一步设置与选择。

★ 菜单命令后出现"▶"符号时，系统将显示下一级子菜单。

★ 菜单命令以灰色显示时，表明该命令当前状态下不可选用。

★ 命令窗口、工具栏、状态栏、标题栏都设置了快捷菜单，分别在相应处鼠标右击，就可以进行设置所需的命令。

图 1-3　下拉菜单的子菜单

1.3.3 工具栏

工具栏是代替命令的简便工具，使用它们可以完成绝大部分的绘图工作。在 AutoCAD 2008 中，系统共提供了 30 多个已命名的工具栏。

如果要显示其他工具栏，可在任一打开的工具栏中单击鼠标右键，这时将打开一个工具栏快捷菜单，利用它可以选择需要打开的工具栏，如图 1-4 所示。

工具栏有两种状态：一种是固定状态，此时工具栏位于屏幕绘图区的左侧、右侧或上方；另一种是浮动状态,此时可将工具栏移至任意位置。当工具栏处于浮动状态时,用户还可通过单击其边界并且拖动改变其形状。如果某个工具的右下角带有一个三角符号,表明该工具为带有附加工具的,如图1-5所示。

图1-4 工具栏快捷菜单

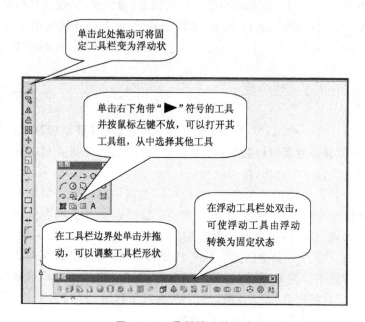

图1-5 工具栏的几种形式

1.3.4 绘图区

绘图窗口相当于工程制图中绘图板上的绘图纸,用户绘制的图形可显示于该窗口。绘图窗口是用户的工作区域,因此位于整个工作界面的中心位置,并占据了绝大部分区域。为了能最大限度地保持绘图窗口的范围,建议用户不要调出过多的工具条,工具条可以随用随调,这样才能保证有一个好的绘图环境。绘图区与实际的图纸又有一定的区别,主要体现在:

★ 理论上可以是无穷大的,绘图区尺寸可以根据需要随时调整。

★ 可以分层进行操作,最终的图纸是不同的图层叠加在一起的结果。

★ 强调相对大小的概念,一般意义上的计算单位对工作区不起作用。

★ 利用视窗缩放功能,可使绘图区无限增大或缩小,故多大的图形都可置于其中。

绘图窗口在默认状态下显示为黑色,可以自定义绘图窗口的显示颜色。操作步骤如下:

(1)下拉菜单→【工具】→【选项】,或者在绘图窗口中单击鼠标右键,在弹出的快捷菜单中选择【选项】命令,弹出【选项】对话框,单击【显示】选项卡,如图1-6所示。

(2)在【窗口元素】选项组中单击【颜色】按钮,弹出【颜色选项】对话框,在【窗口元素】选项

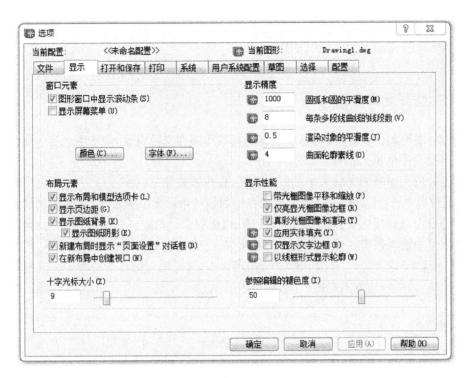

图 1-6 【选项】对话框中的显示选项

的下拉列表中可以选择要设置颜色的对象,如背景、光标等,在【颜色】选项中可以选择需要的颜色进行设置,如图 1-7 所示。

(3) 设置完成后,单击【应用并关闭】按钮,改变绘图窗口的显示颜色,返回到【选项】对话框中,单击【确定】按钮,退出对话框即可。

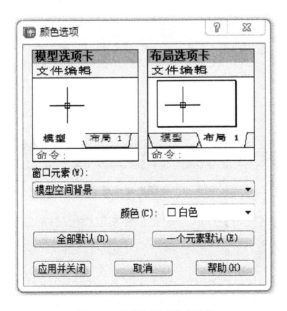

图 1-7 【颜色选项】对话框

绘图窗口的左下方显示了坐标系的图标,该图标指示了绘图时的正方位,其中"X"和"Y"分别表示 X 轴和 Y 轴,而箭头指示着 X 轴和 Y 轴的正方向。默认情况下,坐标系为世界坐标系(WCS)。

1.3.5 十字光标

当光标移至绘图区域时,光标显示状态为两条十字相交的直线,叫十字光标。十字光标的交点表示当前点的位置。

十字光标的大小及靶框的大小可以自定义,操作步骤如下:

(1) 下拉菜单→【工具】→【选项】,或者在绘图窗口中单击鼠标右键,在弹出的快捷菜单中选择【选项】命令,弹出【选项】对话框,单击【显示】选项卡,如图 1-6。在【十字光标大小】选项组中的数值框中输入数值或拖拉滑块来控制十字光标的大小。

(2) 单击【草图】选项卡,在【靶框大小】选项组中,可以通过拖拉滑块对十字光标中靶框的大小进行控制,还可以预览图标的效果,如图 1-8 所示。

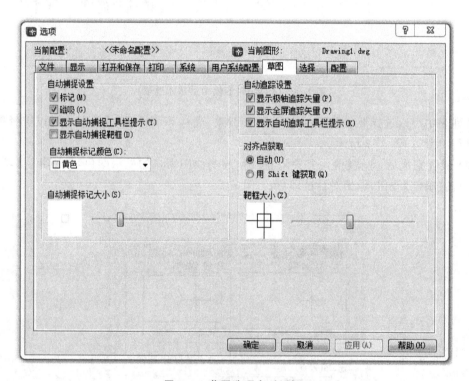

图 1-8　草图选项卡对话框

(3) 设置完成后,单击【确定】按钮,十字光标将按照设置的样式显示。

1.3.6 命令窗口

在屏幕底部,紧邻状态行上面有一个矩形的水平窗口,这就是命令窗口。用户输入的命令以及 AutoCAD 对用户输入信息的回答显示在这个窗口中。如图 1-9 所示,它按照时间先后顺序记录用户所进行的操作。

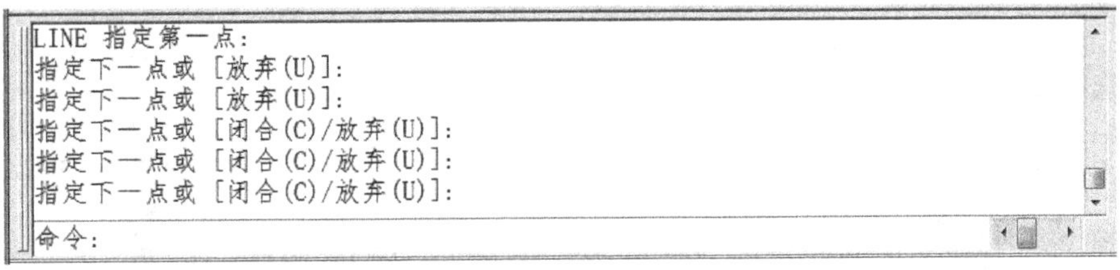

```
LINE 指定第一点:
指定下一点或 [放弃(U)]:
指定下一点或 [放弃(U)]:
指定下一点或 [闭合(C)/放弃(U)]:
指定下一点或 [闭合(C)/放弃(U)]:
指定下一点或 [闭合(C)/放弃(U)]:

命令:
```

图 1-9　命令窗口

初学者需特别注意命令窗口中显示的信息,因为它是信息的重要途径。输入过程中,回车键和空格键一般表示提交命令,Esc 键表示取消正在执行的命令。

命令窗口可以拉伸,这样可以显示更多的信息。若用户需要详细了解命令提示信息,可以利用鼠标拖动窗口右侧的滚动条来查看,或者按键盘上的 F2 键,打开文本窗口,如图 1-10 所示,从中可以查看更多命令信息,再次按键盘上的 F2 键,即要关闭该文本窗口。

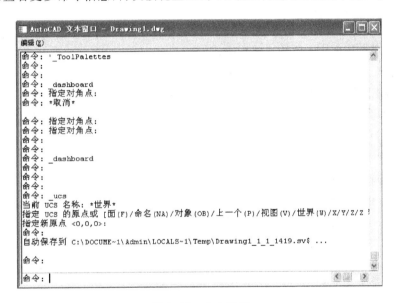

图 1-10　文本窗口

1.3.7　滚动条

在绘图窗口的下面和右侧有两个滚动条,可利用这两个滚动条上下移动来观察图形。滚动条的使用会方便广大用户观察图形。

1.3.8　状态栏

状态栏位于绘图最底部,主要用来显示当前工作状态与相关信息。当光标出现在绘图窗口时,状态栏左边的坐标显示区将显示当前光标所在位置的坐标值,如图 1-11 所示。状态栏

中间的按钮用于控制相应的工作状态,其功能如下:

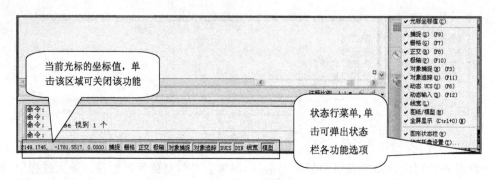

图 1-11 状态栏

- ◎【坐标】:显示当前光标在绘图窗口内的所在位置。
- ◎【捕捉】:控制是否使用捕捉功能。
- ◎【栅格】:控制是否显示栅格。
- ◎【正交】:控制是否以正交模式绘图。
- ◎【极轴】:控制是否使用极轴追踪对象。
- ◎【对象捕捉】:控制是否使用对象自动捕捉功能。
- ◎【对象追踪】:控制是否使用对象自动追踪功能。
- ◎【DUCS】:允许/禁止 UCS。
- ◎【DYN】:控制是否使用动态输入。
- ◎【线宽】:控制是否使用线条的宽度。
- ◎【模型/图纸】:控制用户的绘图环境。

以上这些按钮有两种工作状态,分别为凸起与凹下。当按钮处于凹下状态时,表示相应的设置处于工作状态;当按钮处于凸起状态时,表示相应的设置处于关闭状态。

1.4　文件操作命令

　　文件的管理一般包括创建新文件,打开已有的图形文件,输入、保存文件及输出、关闭文件等。在运用 AutoCAD 2008 进行设计和绘图时,必须熟练运用这些操作,这样才能管理好图形文件的创建、制作及保存问题,明确文件的位置,方便用户查找、修改及统计。

1.4.1　创建新的图形文件

　　在应用 AutoCAD 2008 进行绘图时,首先应该做的工作就是创建一个图形文件。

1) 启用命令的方法

启用"新建"命令有以下方法:

★ 单击标准工具栏中的"新建"按钮

★ 输入命令:NEW

通过以上任一种方法启用"新建"命令后,系统将弹出如图 1-12 所示【选择样板】对话框,利用【选择样板】对话框创建新文件的步骤如下:

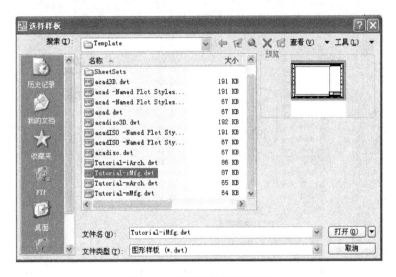

图 1-12　【选择样板】对话框

(1) 在【选择样板】对话框中,系统在列表框中列出了许多标准的样板文件,用户从中选取合适的一种样板文件即可。

(2) 单击 打开 按钮,将选中的样板文件打开,此时用户即可在该样板文件上创建图形。用户直接双击列表框中的样板文件,也可将该文件打开。

2) 利用空白文件创建新的图形文件

系统在【选择样板】对话框中,还提供了两个空白文件,分别是"acad"与"acadiso"。当用户需要从空白文件开始绘图时,就可以按此种方式进行。"acad"为英制,其绘图界限为 12 英寸×9 英寸;"acadiso"为公制,其绘图界限为 420 毫米×297 毫米。

用户还可以单击【选择样板】对话框左下端中【打开】按钮右侧的 按钮,弹出如图1-13 所示下拉菜单,选取其中的无样板打开公制选项,即可创建空白文件。

图 1-13　创建空白文件

1.4.2　打开图形文件

当用户要对原有文件进行修改或是进行打印输出时,就要利用【打开】命令将其打开,从而可以进行浏览或编辑。

启用"打开"图形文件命令有以下方法:

★ 单击标准工具栏中的"打开"按钮

★ 输入命令:OPEN

利用以上任意一种方法,系统将弹出如图 1-14 所示【选择文件】对话框,打开图形的方法有两种:一种方法是用鼠标在要打开的图形文件上双击;另一种方法是先选中图形文件,然后再按对话框右下角的按钮 打开(0) 。

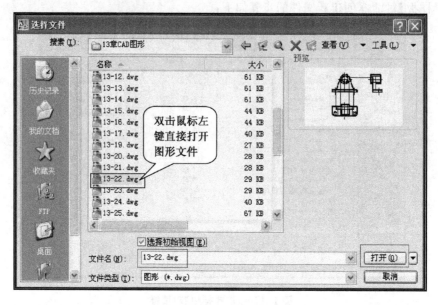

图 1-14 【选择文件】对话框

1.4.3 保存图形文件

AutoCAD 2008 图形文件的扩展名为"dwg",保存图形文件有两种方式:

1)以当前文件名保存图形

启用"保存"图形文件命令有两种方法。

★ 单击标准工具栏中的"保存"按钮 💾

★ 输入命令:QSAVE

利用以上任意一种方法"保存"图形文件,系统将当前图形文件以原文件名直接保存到原来的位置,即原文件覆盖。

如果是第一次保存图形文件,AutoCAD 将弹出如图 1-15 所示的【图形另存为】对话框,从中可以输入文件名称,并指定其保存的位置和文件类型。

2)指定新的文件名保存图形

在 AutoCAD 2008 中,利用"另存为"命令可以指定新的文件名保存图形。

启用"另存为"命令有以下方法:

★ 选择→【文件】→【另存为】→【保存】菜单命令

★ 输入命令:SAVEAS

启用"另存为"命令后,系统将弹出如图 1-15 所示【图形另存为】对话框,此时用户可以在文件名栏输入文件的新名称,并可指定该文件保存的位置和文件类型。

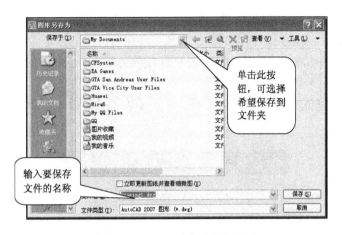

图 1-15 【图形另存为】对话框

1.4.4 输出图形文件

如果要将 AutoCAD 2008 文件以其他不同文件格式保存,必须应用"输出图形"文件。AutoCAD 2008 可以输出多种格式的图形文件,其方法如下:

★ 选择→【菜单】→【文件】→【输出】菜单命令

★ 输入命令:EXPORT

利用以上任意一种方法启用"图形输出"命令后,系统将弹出如图 1-16 所示【输出数据】对话框,在对话框中的【文件类型】下拉列表中可以选择输出图形文件的格式。

图 1-16 【输出数据】对话框

1.4.5 关闭图形文件

当用户保存图形文件后,可以将图形文件关闭。

在菜单栏中,选择→【菜单】→【文件】→【关闭】菜单命令,或是关闭绘图窗口右上角的"关闭"按钮 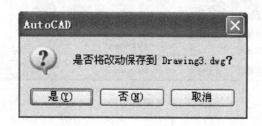，就可以关闭当前图形文件。如果图形文件还没有保存，系统将弹出如图 1-17 所示【AutoCAD】对话框，提示用户保存文件。如果要关闭修改过的图形文件，图形尚未保存，系统会弹出如图 1-18 所示提示框，单击"是"表示保存并关闭文件，单击"否"表示不保存并关闭文件，单击"取消"表示取消关闭文件操作。

另一种方法是在菜单栏中，选择【菜单】→【文件】→【退出】菜单命令，退出 AutoCAD 2008 系统。如果图形文件还没有保存，系统将弹出如图 1-18 所示【AutoCAD】对话框，提示用户保存文件。

图 1-17　【AutoCAD】对话框

图 1-18　提示对话框

1.5　命令的启用方式

通常情况下，在 AutoCAD 2008 工作界面中，用户选择菜单中的某个命令或单击工具栏中的某个按钮，其实质就是在启用某一个命令，从而达到进行某一个操作的目的。在 AutoCAD 2008 工作界面中，启用命令有以下四种方法：

1）菜单命令方式

在菜单栏中选择菜单中的选项命令。

2）工具按钮方式

直接单击工具栏中的工具按钮。

3）命令提示窗口的命令行方式

在命令行提示窗口中输入某一命令的名称，然后按【Enter】键。

4）光标菜单中的选项方式

有时用户在绘图窗口中鼠标右击，此时系统将弹出相应的光标菜单，用户即可从中选择合适的命令。

1.6 撤销、重复与取消命令

1.6.1 撤销与重复命令

在 AutoCAD 2008 中,当用户想终止某一个命令时,可以随时按键盘上的【ESC】键撤销当前正在执行的命令。当用户需要重复执行某个命令时,可以直接按【Enter】键或空格键,也可以在绘图区域内鼠标右击,在弹出的光标菜单中选择【重复选项···(R)】选项,这为用户提供了快捷的操作方式。

1.6.2 取消已执行命令

在 AutoCAD 绘图过程中,当用户想取消一些错误的命令时,需要取消前面执行的一个或多个操作,此时用户可以使用"取消"命令。

启用"取消"命令有以下方法:
★ 单击标准工具栏中的"取消"按钮
★ 输入命令:UNDO

在 AutoCAD 2008 中,可以无限进行取消操作,这样用户可以观察自己的整个绘图过程。当用户取消一个或多个操作后,又想重做这些操作,将图形恢复原来的效果时,可以使用标准工具栏中的【重做】按钮 ,这样用户可以回到想要的界面中。

1.7 显示控制

在使用 AutoCAD 绘图时,显示控制命令使用十分频繁。通过显示控制命令,可以观察绘制图形的任何细小的结构和任意复杂的整体图形。

1.7.1 缩放图形

1)实时缩放工具

单击标准工具栏中的"实时缩放"命令 按钮,启用缩放功能。此时,光标变成放大镜的形状,光标中的"＋"表示放大,向右、向上方拖动鼠标,可以放大图形;光标变成"－"表示缩小,向左、向下方拖动鼠标,可以缩小图形。

2)缩放上一个工具

单击标准工具栏中的"缩放上一个"命令按钮 ,启用"缩放上一个"功能,将缩放显示返回到前一个视图效果。

通过命令行输入命令来调用"缩放上一个"工具,操作步骤如下:

命令:_zoom   //输入字母"ZOOM",按【Enter】键。

指定窗口的角点,输入比例因子(nX 或 nXP),或者

[全部(A)/中心(C)/动态(D)/范围(E)/上一个(P)/比例(S)/窗口(W)/对象(O)]〈实时〉:P

               //输入字母"P",选择"上一个"选项,按【Enter】键。

命令:_zoom   //按【Enter】键,重复调用命令

指定窗口的角点,输入比例因子(nX 或 nXP),或者

[全部(A)/中心(C)/动态(D)/范围(E)/上一个(P)/比例(S)/窗口(W)/对象(O)]〈实时〉:P

               //输入字母"P",选择"上一个"选项,按【Enter】键。

当连续进行视图缩放操作后需要返回上一个缩放的视图效果,可以单击 来进行返回操作。

3)缩放工具栏

将光标移动到任意一个打开工具栏上鼠标右击,在弹出的光标菜单中选择"缩放"命令,打开,如图 1-19 所示。

图 1-19 缩放工具栏

在"缩放"工具栏中各选项的意义如下:

◦【窗口缩放 】:选择窗口缩放工具按钮 ,光标为十字形,在需要放大图形的一侧单击,并向其对角方向移动鼠标,系统显示出一个矩形框,将矩形框包围住需要放大的图形,单击鼠标,矩形框内的图形被放大并充满整个绘图窗口。矩形框中心就是显示中心。

◦【动态缩放 】:选择动态缩放工具 ,光标变成中心有"╳"标记的矩形框;移动鼠标,将矩形框放在图形的适当位置上单击,矩形框的中心标记变为右侧"→"标记,移动鼠标调整矩形框的大小,矩形框的左位置不会发生变化,按【Enter】键确认,矩形中的图形被放大,并充满整个绘图窗口。

◦【比例缩放 】:选择比例缩放工具按钮 ,光标为十字形,在图形的适当位置上单击并移动鼠标到适当比例长度的位置上,再次单击,图形被按比例放大显示。

◦【中心缩放 】:选择中心缩放工具按钮 ,光标为十字形,在需要放大的图形中间位置上单击,确定放大显示的中心点,再绘制一条垂直线段来确定需要放大显示的高度,图形将按照所绘制的高度被放大并充满整个绘图窗口。

◦【缩放对象 】:选择缩放对象工具按钮 ,光标变为拾取框,选择需要显示的图形,按【Enter】键确认,在绘图窗口中将按所选择的图形进行适合显示。

◦【放大 】:选择放大工具按钮 ,将对当前视图放大 2 倍进行显示。

◎【缩小 ⊖】:选择工具缩小按钮 ⊖,将对当前视图缩小 0.5 倍进行显示。

◎【全部缩放 ⊙】:选择全部缩放工具按钮 ⊙,如果图形超出当前设置的图形界限,在绘图窗口中将适合全部图形对象进行显示;如果图形没有超出图形界限,在绘图窗口中将适合整个图形界限进行显示。

◎【范围缩放 ⊕】:选择范围缩放工具按钮 ⊕,在绘图窗口中将显示全部图形对象,且与图形界限无关。

1.7.2　平移图形

用户在绘图过程中,如果不想缩放图形,只是想将不在当前视图区的图形部分移动到当前视图区,这样的操作就像拖动图纸的一边移动到面前进行浏览编辑,这就是平移视图。

启用"平移"命令有以下方法:

★ 选择→【视图】→【平移】→【实时平移】菜单命令

★ 单击标准工具栏中的实时平移按钮 ✋

★ 输入命令:PAN

启用"平移"命令后,光标变成手的图标 ✋,按鼠标左键并拖动鼠标,就可以平移视图来调整绘图窗口显示区域。

1.7.3　重生成

重生成同样可以刷新视口,但和重画的区别在于刷新的速度不同。重生成是 AutoCAD 重新计算图形数据在屏幕上显示结果,所以速度较慢。

启用"重生成"命令有以下方法:

★ 输入命令:REGEN 或 REGENALL

AutoCAD 在可能的情况下会执行重画而不执行重生成来刷新视口。有些命令执行时会引起重生成,如果执行重画命令无法清除屏幕上的"痕迹",也只能重生成。

1.8　查询图形信息

用户在绘图过程中,经常会对图形中某一对象的坐标、距离、面积、属性等进行了解,AutoCAD 系统提供了查询图形信息功能,极大地方便了广大用户。

1.8.1　时间查询

时间命令可以提示当前时间、该图形的编辑时间、最后一次修改时间等信息。

启用"时间查询"命令有以下方法:

★ 选择→【工具】→【查询】→【时间】菜单命令

★ 输入命令:TIME

启用"时间查询"命令后,弹出如图 1-20 所示的文本框,在文本窗口中显示当前时间、图形编辑次数、创建时间、上次更新时间、累计编辑时间、经过计时器时间、下次自动保存时间等信息,并出现以下提示:

输入选项[显示(D)/开(ON)/关(OFF)/重置(R)]:

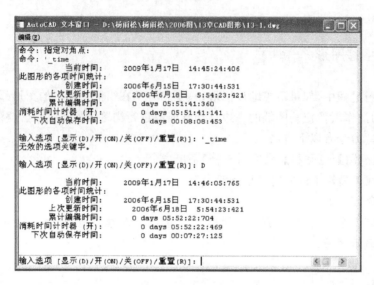

图 1-20　时间查询文本窗口

1.8.2　距离查询

通过"距离查询"命令可以直接查询屏幕上两点之间的距离、与 XY 平面的夹角、在 XY 平面中的倾角以及 X、Y、Z 方向上的增量。

启用"距离查询"命令有以下方法:

★ 选择→【菜单】→【工具】→【查询】→【距离】菜单命令

★ 单击工具栏上按钮 ，在打开的工具栏上鼠标右击,选择查询命令,调出如图 1-21 所示的查询工具栏。

★ 输入命令:DISTANCE

图 1-21　查询工具栏

图 1-22　查询距离图例

启用"距离查询"命令后,命令行提示如下:

命令:'_dist

指定第一点:

指定第二点：

【例 1-1】 查询如图 1-22 所示的 AB 直线间的距离。

命令：'_dist   //选择查询距离命令 ▦

指定第一点：   //单击 A 点

指定第二点：   //单击 B 点，查询信息如下：

距离＝147.1306，XY 平面中的倾角＝345，与 XY 平面的夹角＝0

X 增量＝142.1980，Y 增量＝－37.7777，Z 增量＝0.0000

1.8.3 坐标查询

屏幕上某一点的坐标可以通过"坐标查询"命令来进行查询。

启用"坐标查询"命令有以下方法：

★ 选择→【工具】→【查询】→【坐标】菜单命令

★ 单击工具栏上按钮 ▨

启用"坐标查询"命令后，根据命令行提示，鼠标单击就可以查询该点的坐标值。

1.8.4 面积查询

通过面积查询可以查询测量对象及所定义区域的面积和周长。

启用"面积查询"命令有以下方法：

★ 选择→【工具】→【查询】→【面积】菜单命令

★ 单击查询工具栏上的"面积查询"按钮 ▦

【例 1-2】 计算如图 1-23 所示的矩形和圆的总面积。

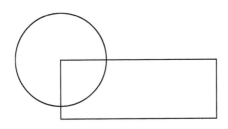

图 1-23 查询面积图例

命令：_area   //选择查询面积命令 ▦

指定第一个角点或[对象(O)/加(A)/减(S)]：A   //输入字母"A"，选择"加"选项

指定第一个角点或[对象(O)/减(S)]：O   //输入字母"O"，选择"对象"选项

("加"模式)选择对象：   //鼠标单击圆，查询圆的信息如下：

面积 = 5515.9850，周长 = 311.5723

总面积 = 5515.9850

("加"模式)选择对象：   //鼠标单击四边形，查询信息如下：

面积 = 5006.1922，圆周长 = 250.8180

总面积 ＝ 10522.1772

1.9　使用帮助教程

AutoCAD 提供了大量详细的帮助信息。掌握如何有效地使用帮助系统,将会给用户解决疑难问题带来很大的帮助。快捷键 F1 启用帮助功能。

AutoCAD 的帮助信息几乎全部集中在菜单栏的【帮助】菜单中,如图 1-24 所示。

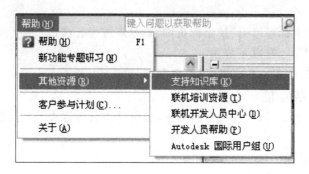

图 1-24　"帮助"菜单

AutoCAD 帮助的用户文档对话框,该对话框汇集了 AutoCAD 中的各种问题,其左侧窗口上方的选项卡提供了多种查看所需主题的方法,用户可在左侧的窗口中查找信息,其右侧窗口将显示所选主题的信息,供用户查阅。

练习题

1. 练习调出绘图界面没有的工具栏,然后调整其形状和位置。
2. 练习打开命令的文本窗口。
3. 练习改变绘图界面的颜色。
4. 练习创建文件、保存文件、打开文件。

2

辅助工具的使用

状态栏位于 AutoCAD 2008 的工作界面下方,它包含光标的坐标值显示区,绘图辅助工具按钮(包括捕捉、栅格、正交、极轴、对象捕捉、对象追踪、线宽、模型/图纸空间开关),运用这些按钮可以使绘图更方便、更精确。

状态栏主要反映当前的工作状态,可以对辅助工具进行设置。

单击状态栏右侧的" ▼ "符号,打开"状态行菜单",如图 2-1 所示。单击菜单上的菜单项,可以控制光标的坐标值、绘图辅助工具按钮及状态托盘设置是否在状态栏中显示。

✓	光标坐标值(C)
✓	捕捉(S) (F9)
✓	栅格(G) (F7)
	正交(R) (F8)
✓	极轴(P) (F10)
✓	对象捕捉(N) (F3)
✓	对象追踪(O) (F11)
✓	动态 UCS(U) (F6)
✓	动态输入(D) (F12)
✓	线宽(L)
✓	图纸/模型(M)
✓	全屏显示 (Ctrl+0)(N)
✓	图形状态栏(W)
	状态托盘设置(T)…

图 2-1 状态行菜单

2.1 栅格与捕捉

2.1.1 栅格

栅格类似于坐标纸中格子的概念,若已经打开了栅格,用户在屏幕上看见许多小点,为绘图过程提供参考。栅格的间距可以设置。这些点并不是屏幕的一部分,所以不会被打印。

1) 启用栅格

启用"栅格"命令可单击状态栏中的 栅格 按钮,也可以按键盘上的快捷键 F7 键。

启用"栅格"命令后,栅格显示在屏幕上,如图 2-2 所示。

图 2-2 栅格显示

2）设置栅格

根据用户所选择的区域大小，栅格随时可以进行大小设置，如果绘图区域和栅格大小不匹配，在屏幕上就不显示栅格，而在命令行中提示栅格太密，无法显示。

用右键单击状态栏中的 **栅格** 按钮，弹出光标菜单，如图 2-3 所示，选择"设置"选项，就可以打开【草图设置】对话框，如图 2-4 所示。

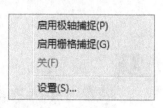

图 2-3　选择"设置"选项

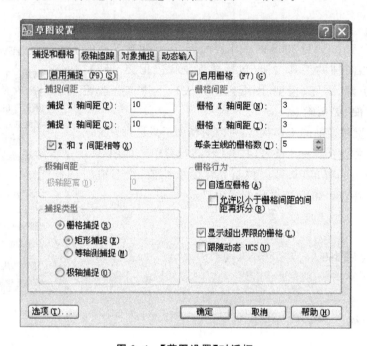

图 2-4　【草图设置】对话框

在【草图设置】对话框中，选择"启用栅格"复选框，开启栅格的显示；反之，则取消栅格的显示。

"栅格"栏：在"栅格 X 轴间距"文字框输入 X 轴方向栅格间距；在"栅格 Y 轴间距"文字框输入 Y 轴方向栅格间距。

注意：设置栅格间距时，一定要根据所选择的图形界限来匹配设置，如果图形界限大，而栅格间距小，启用栅格时，命令行会提示栅格太密无法显示。

2.1.2　捕捉

捕捉是在绘图区设置有一定间距、规律分布的一些点，光标只能在这些点上移动。捕捉间距就是鼠标移动时每次移动的最小增量。捕捉的意义是保证快速准确地输入点。

捕捉点间距可以与栅格间距相同，也可不同。当设置的间距相同时，将捕捉打开后，它会迫使光标落在最近的栅格点上，而不能停留在两点之间。AutoCAD 2008 中，有栅格捕捉和极轴捕捉两种捕捉样式，若选择捕捉样式为栅格捕捉，光标只能在栅格方向上精确移动；若选择捕捉样式为极轴捕捉，则光标可在极轴方向精确移动。

1）启用捕捉

启用"捕捉"可单击状态栏中的 **捕捉** 按钮，也可按键盘上的快捷键 F9 键。

启用"捕捉"命令后，光标只能按照等距的间隔进行移动，捕捉经常与栅格辅助工具配合使用。一般正常绘图过程中不需要打开捕捉命令，否则光标在屏幕上按栅格的间距跳动，这样不便于绘图。

2）设置捕捉

该栏设置捕捉的水平和垂直间距。在"捕捉 X 轴间距"文字框中输入 X 轴方向捕捉间距；在"捕捉 Y 轴间距"文字框中输入 Y 轴方向捕捉间距。

在"捕捉类型和样式"选项组中，"栅格捕捉"单选项用于栅格捕捉，"矩形捕捉"与"等轴测捕捉"单选项用于指定栅格的捕捉方式，"极轴捕捉"单选项用于设置以极轴方式进行捕捉。

【例 2-1】 开启捕捉及栅格功能，完成下面图形的绘制。

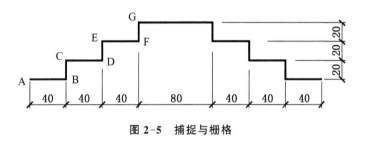

图 2-5 捕捉与栅格

操作步骤如下：

启用栅格和捕捉，分别设置间距，均为 20。

图 2-6 例题设置

命令：_line

指定第一点：   //单击 A 点

指定下一点或[放弃(U)]：   //移动光标，水平方向过两个间距点击 B 点

指定下一点或[放弃(U)]：   //移动光标，竖直方向过一个间距点击 C 点

指定下一点或[闭合(C)/放弃(U)]： //确定 D 点

指定下一点或[闭合(C)/放弃(U)]： //确定 E 点

指定下一点或[闭合(C)/放弃(U)]： //确定 F 点

指定下一点或[闭合(C)/放弃(U)]： //确定 G 点

指定下一点或[闭合(C)/放弃(U)]： //移动光标，水平方向过四个间距点击，右侧图形
　　　　　　　　　　　　　　　　　　　按照同样方法绘制

2.2　正交

　　正交是在绘图时，指定第一个点后，连接光标和起点的线总是平行于 X 轴或者 Y 轴。正交模式在建筑施工图中大量运用到，绘制水平和垂直方向的线时，将正交功能开启。

　　启用"正交"命令可以单击状态栏中的 **正交** 按钮，也可以按键盘上的 F8 键来实现打开或关闭正交的切换。

　　启用"正交"后，绘制出的直线如图 2-7 所示。

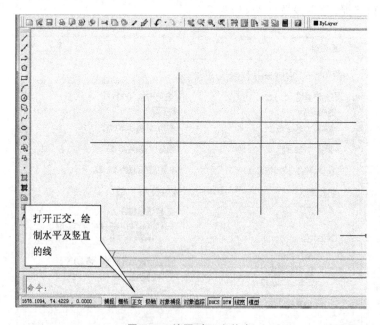

图 2-7　绘图时正交状态

2.3 极轴

极轴是辅助绘制有角度的线,例如 30°直线、60°直线等。

1)启用极轴

启用"极轴"命令可以单击状态栏中的 极轴 按钮,也可以按键盘上的 F10 键。鼠标右键点击进行设置,弹出【草图设置】对话框,如图 2-8 所示。

图 2-8 【草图设置】对话框

2)设置极轴

在"增量角"下拉列表框中选择角度增量值。默认的极轴追踪的角度增量是 90°。在 AutoCAD 2008 中还预设了些角度增量值,分别为 90°、45°、30°、22.5°、18°、15°、10°和 5°。单击下拉列表,用户可以从中选择一个角度值。如果从文字框中输入角度,用户也可以自行设置其他角度作为极轴追踪的增量角。当极轴开启时,追踪的是设置的增量角的整数倍角度。

如果用户希望添加另外的角度,下拉列表中没有的极轴追踪角,可先选中"附加角"复选框,然后单击"新建"按钮输入一个新的角度,可输入多个新的极轴追踪角,如图 2-9。如果希望删除一个附加角度值,则在选中该角度值后单击"删除"按钮。

【例 2-2】 启用"极轴追踪"命令绘制如图 2-10 所示的六边形。

操作步骤如下:

命令:_line

指定第一点: //选择直线工具 ✎ ,单击 A 点位置

指定下一点或[放弃(U)]:50　　　　//沿 60°方向追踪,输入线段长度 50 到 B 点

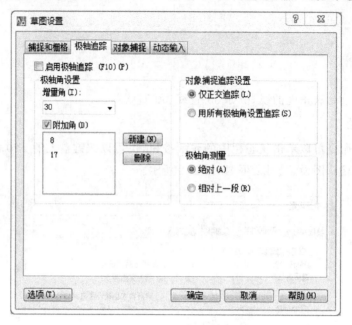

图 2-9　【草图设置】对话框

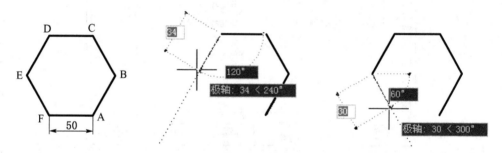

图 2-10　极轴追踪图例

指定下一点或[放弃(U)]:50　　　　//沿 120°方向追踪,输入线段长度 50 到 C 点
指定下一点或[闭合(C)/放弃(U)]:50　//沿 180°方向追踪,输入线段长度 50 到 D 点
指定下一点或[闭合(C)/放弃(U)]:50　//沿 240°方向追踪,输入线段长度 50 到 E 点
指定下一点或[闭合(C)/放弃(U)]:50　//沿 300°方向追踪,输入线段长度 50 到 F 点
指定下一点或[闭合(C)/放弃(U)]:　　//按【Enter】键,结束图形绘制。

2.4　对象捕捉与对象追踪

在绘图过程中,有时要精确地找到已经绘出图形上的特殊点,如直线的端点和中点,圆的圆心、切点等,而这些点未必在设置的捕捉点上。要使光标精确地定位于这些点,就要利用"对象捕捉"的各种捕捉模式。

对象捕捉与前面介绍的捕捉功能不同,捕捉是将光标锁定在可见或不可见的栅格点上,而对象捕捉是把光标锁定在已画好图形的特殊点上。对象捕捉不是独立的命令,而是命令执行过程中被结合使用的模式。

根据对象捕捉方式,可以分为临时对象捕捉和自动对象捕捉两种捕捉样式。临时对象捕捉方式的设置,只能对当前进行的绘制步骤起作用;而自动对象捕捉在设置对象捕捉方式后,可以一直保持这种目标捕捉状态,如需取消这种捕捉方式,要在设置对象捕捉时取消选择这种捕捉方式。

2.4.1　对象捕捉的使用方法

1)临时对象捕捉

在某个命令要求指定一个点时,临时用一次对象捕捉模式,捕捉到一个点后,对象捕捉就自动关闭了。这种对象捕捉使用方法,只对本次命令捕捉点操作有效,因此,这种方式称为一次性用法。

具体操作方法是:调用"对象捕捉"工具栏,选用一种捕捉模式,用鼠标单击一个对象捕捉按钮,如图 2-11 所示。

图 2-11　对象捕捉工具栏

还可以在绘图区域,按住【Shift】键并同时用鼠标右键单击绘图区,从弹出的快捷菜单中选择出一个对象捕捉方式,如图 2-12 所示。

图 2-12　快捷菜单

【例2-3】 已知一个圆与直线,试绘制图中的线,从直线的端点 A 画直线与圆相切于 B 点,由 B 向圆心 O 画直线,由圆心 O 向直线的中点 C 画直线。

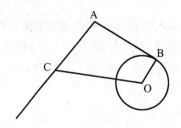

图 2-13 对象捕捉例子

操作步骤如下:

命令:_line

指定第一点:_endp 于 　　　　　　　　　//单击"捕捉到端点"按钮,移动光标到 A 点单击

指定下一点或[放弃(U)]:_tan 到 　　　　//单击"捕捉到切点"按钮,移动光标到 B 点单击

指定下一点或[放弃(U)]:_cen 于 　　　　//单击"捕捉到圆心"按钮,移动光标到 O 点单击

指定下一点或[闭合(C)/放弃(U)]:_mid 于 //单击"捕捉到中点"按钮,移动光标到 C 点单击

指定下一点或[闭合(C)/放弃(U)]: 　　　　//回车点击【Enter】键完成

2）自动对象捕捉

在作图的过程中,有时需要连续用某种捕捉模式选取一系列对象。如果在每选一个对象时,都要先选择临时捕捉模式就显得太繁琐。AutoCAD 还提供了一种运行对象捕捉的方法,只要光标落在图形对象上,就会自动打开设定的捕捉模式。这种方法称为永久用法,与临时对象捕捉的最大区别就是捕捉模式可连续使用而不必每次选择捕捉模式。运行"自动对象捕捉"的方法对标注尺寸时特别有用。

在运行对象捕捉时,可以设置一种或多种对象捕捉模式并且可同时打开它们。所设置的多种捕捉模式在整个绘图过程中都有效,直到用户关闭对象捕捉功能。

运行对象捕捉的具体方法是:启用"对象捕捉"命令可以单击状态栏中的 对象捕捉 按钮,也可以按键盘上的 F3 键。鼠标右键点击进行设置,弹出【草图设置】对话框,如图 2-14 所示。

还可以用以下方法启用"草图设置":

★ 选择→【菜单】→【工具】→【草图设置】菜单命令。

★ 按住键盘上的【Ctrl】或者【Shift】键,在绘图窗口中单击鼠标右键,在弹出的光标菜单中选择"对象捕捉设置"命令。

在对话框中,选择启用"对象捕捉"复选框,在"对象捕捉模式"选项中提供了 13 种对象捕捉方式,可以通过选择复选框来选择需要启用的捕捉方式,每个选项复选框前的图标代表成功捕捉某点时光标的显示图标。

下面分别介绍各个对象捕捉模式。

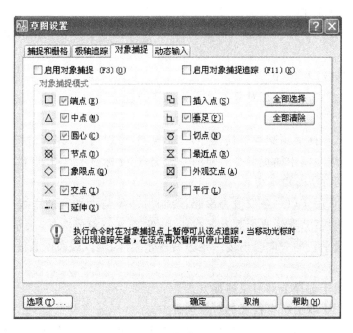

图 2-14 "对象捕捉"设置

（1）"捕捉到端点"模式

捕捉到端点模式用于捕捉直线、矩形、圆弧等线段图形对象的端点，光标显示"□"形状。

（2）"捕捉到中点"模式

捕捉到中点模式用于捕捉线段、弧线、矩形的边线等图形对象的线段中点，光标显示"△"形状。

（3）"捕捉到圆心"模式

用于捕捉圆形、椭圆形等图形的圆心位置，光标显示"⊙"形状。

（4）"捕捉到节点"模式

捕捉到节点用于捕捉使用点命令创建的点的对象，光标显示"⊠"形状。

（5）"捕捉到象限点"模式

捕捉到象限点模式用于捕捉圆形、椭圆形等图形上象限点的位置，如 0°、90°、180°、270°位置处的点，光标显示"◇"形状。

（6）"捕捉到交点"模式

捕捉到交点模式用于捕捉图形对象间相交或延伸相交的点，光标显示"✕"形状。

（7）"捕捉到延伸"模式

捕捉到延伸模式是用于使光标从图形的端点处开始移动，沿图形一边以虚线来表示此边的延长线，光标旁边显示对于捕捉点的相对坐标值，光标显示"▬▪▪"形状。

（8）"捕捉到插入点"模式

捕捉到插入点模式用于捕捉属性、块或文字的插入点，光标显示"⌐㇗"形状。

（9）"捕捉到垂足"模式

捕捉到垂足模式用于绘制垂线，即捕捉图形的垂足，光标显示"⌐┐"形状。

（10）"捕捉到切点"模式

捕捉到切点模式用于捕捉圆形、圆弧、椭圆图形与其他图形相切的切点位置，光标显示"⟲"形状。

（11）"捕捉到最近点"模式

捕捉到最近点模式用于捕捉对象上离光标选择位置最近的点。

（12）"捕捉到外观交点"模式

在二维空间中，与捕捉到交点工具 ✕ 的功能相同，可以捕捉到两个对象的视图交点，该捕捉方式还可以在三维空间中捕捉两个对象的视图交点，光标显示"⊠"形状。

（13）"捕捉到平行"模式

捕捉到平行模式用于以一条线段为参照，绘制另一条与之平行的直线。在指定直线起始点后，单击捕捉直线按钮，移动光标到参照线段上，出现平行符号"∥"表示参照线段被选中，移动光标，与参照线平行的方向会出现一条虚线表示轴线，输入线段的长度值即可绘制出与参照线平行的一条直线段。

【全部选择】：用于选择全部对象捕捉方式。

【全部清除】：用于取消所有设置的对象捕捉方式。

完成对象捕捉设置后，单击状态栏中的 对象追踪 按钮，使之处于凹下状态，即可打开对象捕捉开关。

2.4.2 对象追踪的使用方法

"对象追踪"也是一种定位点的方法。当要求输入的点在一定的角度方向上，或输入点与其他对象有一定的关系时，使用对象追踪非常有效。

对象追踪也是被结合于命令的执行过程中。

追踪实际上是在一条临时对齐路径（一条辅助线）上寻找所需的点。追踪分为极轴追踪和对象捕捉追踪。极轴追踪是按事先给定的角度增量来追踪点；而对象捕捉追踪是按与已绘对象的某种特定的关系来追踪，两者有区别。当我们先知道要追踪的方向用极轴追踪；如果我们事先不知道具体的追踪方向，但知道与其他对象的某种关系，则可结合对象捕捉，使用对象追踪功能。

1）启用"对象捕捉追踪"命令

启用"对象捕捉追踪"命令有两种方法：单击状态栏中的 对象追踪 按钮或按键盘上的 F11 键。

2）"对象捕捉追踪"的设置

"对象捕捉追踪"设置也是通过【草图设置】对话框来完成的。

启用"草图设置"命令有下面两种方法：

★ 在状态栏中的 对象追踪 按钮上单击鼠标右键，在弹出的光标菜单中选择"设置"命令。

★ 按住键盘上的【Ctrl】或者【Shift】键，在绘图窗口中单击鼠标右键，在弹出的光标菜单中选择"对象捕捉设置"命令。

启用"草图设置"命令，打开【草图设置】对话框，如图 2-14 所示。选择方式与对象捕捉命令相同。完成设置后，单击状态栏中的 对象追踪 按钮，使之处于凹下状态，即可打开对象追踪开关。

【例 2-4】 在如图 2-15 所示的四边形中心处绘制一个直径为 100 的圆。

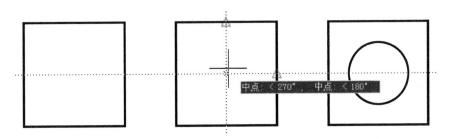

图 2-15 对象捕捉追踪图例

操作步骤如下：

(1) 用鼠标右键单击状态栏中的 对象追踪 按钮,弹出光标菜单,选择"设置"选项,打开【草图设置】对话框,在对话框中选择"对象捕捉"选项,在下拉的 13 个选项中选择"中点"。

(2) 在绘图窗口中单击状态栏中的 对象追踪 按钮,使之处于凹下状态,即打开对象追踪开关。

(3) 绘图过程如下：

命令:_circle 指定圆的圆心或[三点(3P)/两点(2P)/相切、相切、半径(T)]:

// 启用绘制圆的命令 ⏱,让光标分别在四边形的两个边中点处进行捕捉追踪使之都显示"△"形状,然后把光标再移动到两中点的交线处,四边形的中心就追踪到位,如图 2-15 中间图形所示。

指定圆的半径或[直径(D)]〈50.0000〉: // 输入圆的半径 50,按【Enter】键。

【例 2-5】 在如图 2-16 所示已画直线 AB,再画直线 CD,使得 CD 与 AB 相距 70。

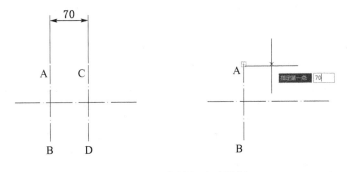

图 2-16 对象捕捉追踪图例

操作步骤如下：

(1) 用鼠标右键单击状态栏中的 对象追踪 按钮,设置"端点"捕捉,打开对象捕捉。

(2) 在绘图窗口中单击状态栏中的 对象追踪 按钮,使之处于凹下状态,即打开对象追踪开关。

(3) 绘图过程如下：

命令:_line // 启用绘制直线的命令,让光标分别在 A 点处进行捕捉追踪,使之显示"□"形状,然后移动光标,出现辅助线的对齐路径后,表明追踪到位,如图 2-16 中右图所示。

指定第一点:70　　　　　　　　//输入距离 70,确定 C 点
指定下一点或[放弃(U)]:〈正交开〉　//正交开,光标捕捉到 B 点进行追踪,确定 D 点
指定下一点或[放弃(U)]:　　　　//按【Enter】键

【例 2-6】 已知 AD 和 DC 边,画直线 AB 和 BC 边,AB 与 X 轴成 15°,长为 48,如图 2-17 所示。

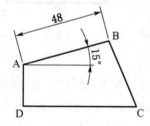 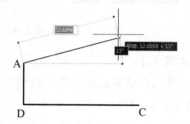

图 2-17　对象捕捉追踪图例

操作步骤如下:

(1) 用鼠标右键单击状态栏中的 对象追踪 按钮,设置"端点"捕捉,打开对象捕捉。

(2) 状态栏中 极轴 打开,极轴角设置增量角为 15°,启用极轴追踪。

(3) 绘图过程如下:

令:_line
指定第一点:〈对象捕捉开〉　　　　//对象捕捉到 A 点单击
指定下一点或[放弃(U)]:48　　　//移动光标,出现 15°对齐路径后,输入距离值
指定下一点或[放弃(U)]:　　　　//确定 B 点
指定下一点或[闭合(C)/放弃(U)]://对象捕捉 C 点,完成图形

【例 2-7】 已知矩形 ABCD 及圆 O,距离 A 点为 70 处定 E 点,绘制直线 EF 和 FC,其中 EF 线与圆 O 相切,如图 2-18 所示。

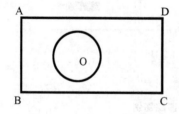 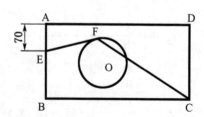

图 2-18　对象捕捉追踪图例

操作步骤如下:

(1) 用鼠标右键单击状态栏中的 对象追踪 按钮,设置"端点"捕捉及"切点"捕捉模式,打开对象捕捉。

(2) 在绘图窗口中单击状态栏中的 对象追踪 按钮,使之处于凹下状态,即打开对象追踪开关。

(3) 绘图过程如下：

命令：_line

指定第一点：70　　　　　　　　　　　　//启用绘制直线的命令，让光标分别在 A 点处
　　　　　　　　　　　　　　　　　　　　进行捕捉追踪，使之显示"□"形状，然后移动
　　　　　　　　　　　　　　　　　　　　光标，出现辅助线的对齐路径后，输入距离70

指定下一点或[放弃(U)]：〈正交关〉　　//确定 E 点

指定下一点或[放弃(U)]：　　　　　　　//捕捉切点 F，光标处显示"⌒"形状时单击

指定下一点或[闭合(C)/放弃(U)]：　　//连接 C 点完成

2.5　线宽

　　线宽按钮控制线型粗细的显示。用户先通过对图层及对象特性中线宽的设置，再在绘图过程中按下状态栏中的线宽按钮，设置好的线型粗细就显示分明了，如图 2-19 所示。

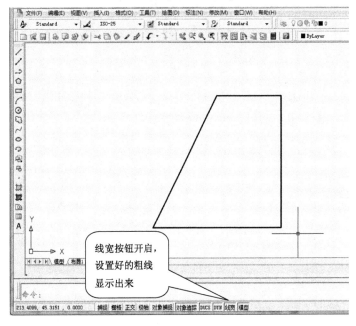

图 2-19　线宽显示

2.6　模型

　　AutoCAD 可在两个环境中完成绘图和设计工作，即模型空间和图纸空间。一般用户在模型空间中绘制图形。所谓模型空间，是指建立模型的环境，而模型就是用户绘制的图形。而

图纸空间是为规划图纸布局而提供的一种绘图环境,与输出有关。形象地说,图纸空间就像一张图纸,打印之前可以在上面排放各种视图,得到满意的图面布置后再打印图样。

练习题

1. 捕捉功能和对象捕捉有什么区别?

2. "栅格"和"正交"在绘图过程中有什么作用?

3. AutoCAD 2008 提供哪些辅助绘图工具?

4. 绘制下面的图形,绘制水平和竖直的线开启正交辅助功能,运用对象捕捉及对象追踪绘制。

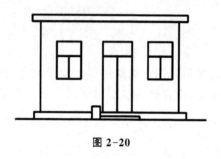

图 2-20

3

直线的绘制

3.1 坐标系和点的输入方法

进入 AutoCAD 2008 后坐标系是由 X、Y、Z 组成,系统默认的 Z 坐标值为 0,所绘制的图形是 XY 平面上的二维图形。坐标轴的正方向规定为 X 轴正方向水平向右,Y 轴正方向垂直向上。坐标原点在绘图区左下角,绘制的点坐标值(X,Y,Z)在状态行里左下角显示。

如图 3-1 所示,坐标值为"0,0"的点,在坐标系中的位置,表示 XY 平面上的二维图形的原点。如图 3-2,坐标值为"50,30"的点,在坐标系中的位置。

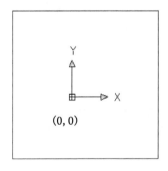

图 3-1 坐标系原点

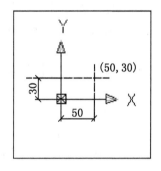

图 3-2 坐标值为(50,30)的点

3.1.1 绝对坐标

绘制直线时如果其中点的位置是用绝对坐标表示的,其命令行输入方法为:

绝对直角坐标的输入形式是:x,y

绝对极坐标的输入形式是:$\rho < \theta$

绝对极坐标较特殊,它是使用点与原点的直线距离和直线角度进行定位的。其格式为"距离<角度"。

如图 3-3 所示为与原点距离为 100、角度为 30 的点。

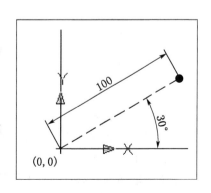

图 3-3 绝对极坐标 100<30

3.1.2 相对坐标

绘制直线时还可以用相对坐标输入,在前面加入符号@,其输入方法为:

相对直角坐标的输入形式是:@x,y

相对极坐标的输入形式是:@$\rho<\theta$

相对坐标指某点以另外一个坐标点(原点除外)为参照点,分别在 X 轴和 Y 轴(如果是三维坐标则还包含 Z 轴)方向上指出与参照点的距离的一种表示方式。相对坐标中任何一点的坐标值与原点的距离没有关系,仅仅参照当前的参照点。

3.2 绘制直线

直线是 AutoCAD 2008 中最常见的图形之一。

启用绘制"直线"的命令有以下方法:

★ 单击标准工具栏中的"直线"按钮 ✏

★ 输入命令:LINE   命令简写为:L

利用以上任意一种方法启用"直线"命令,就可以绘制直线。画直线有多种方法,可以通过坐标输入命令行的方法,还可以用鼠标结合辅助工具绘制直线。

3.2.1 使用鼠标点击绘制直线

启用绘制"直线"命令,用鼠标在绘图区域内单击一点作为线段的起点,移动鼠标,在用户想要的位置再单击,作为线段的另一点,这样连续可以画出用户所需的直线,可以结合正交功能绘制水平和竖直的直线,也可以用极轴功能设置绘制有角度的直线。

3.2.2 通过输入点的坐标绘制直线

【例 3-1】 绘制下面的梯形 ABCD。如图 3-4 所示。

操作步骤如下:

命令:LINE   //绘制直线命令

指定第一点:100,50

指定下一点或[放弃(U)]:200,50

指定下一点或[放弃(U)]:200,150

指定下一点或[放弃(U)]:150,150

指定下一点或[闭合(C)/放弃(U)]:C

上面的输入方法是绝对坐标的输入方法,如果用相对坐标输入,输入形式为:

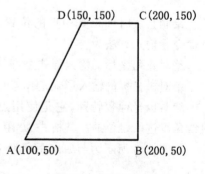

图 3-4 梯形 ABCD

命令:line	//绘制直线命令
指定第一点:100,50	//确定 A 点
指定下一点或[放弃(U)]:@100,0	//输入 B 点相对坐标,确定 B 点
指定下一点或[放弃(U)]:@0,100	//输入 C 点相对坐标,确定 C 点
指定下一点或[放弃(U)]:@−50,0	//输入 D 点相对坐标,确定 D 点
指定下一点或[闭合(C)/放弃(U)]:C	//闭合

【例 3-2】 利用直角坐标绘制直线 AB,利用极坐标绘制直线 OC。如图 3-5 所示。

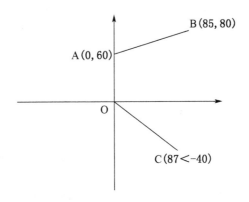

图 3-5　绝对坐标绘制直线

操作步骤如下:

(1) 利用直角坐标值绘制线段 AB

命令:LINE	
指定第一点:0,60	//确定 A 点
指定下一点或[放弃(U)]:85,80	//输入 B 点绝对坐标,确定 B 点
指定下一点或[放弃(U)]:	//按【Enter】键

(2) 利用极坐标值绘制线段 OC

命令:line	
指定第一点:0,0	//输入 A 点坐标
指定下一点或[放弃(U)]87<−40	//输入 C 点坐标,按【Enter】键
指定下一点或[放弃(U)]:	//按【Enter】键

【例 3-3】 用相对坐标绘制如图 3-6 所示的连续直线 ABCDEF,AB 长 50,BC 长 60,CD 长 50,DE 长 45,EF 长 100。

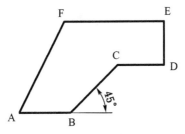

图 3-6　相对坐标绘制直线

操作步骤如下：

命令：LINE

指定第一点：   //单击 ✎ 命令，单击确定 A 的位置

指定下一点或[放弃(U)]:@50,0   //输入 B 点相对坐标

指定下一点或[放弃(U)]:@60＜45 //输入 C 点相对坐标

指定下一点或[闭合(C)/放弃(U)]:@50,0 //输入 D 点相对坐标

指定下一点或[闭合(C)/放弃(U)]:@0,45 //输入 E 点相对坐标

指定下一点或[闭合(C)/放弃(U)]:@−100,0 //输入 F 点相对坐标

指定下一点或[闭合(C)/放弃(U)]:C   //输入"C"选择闭合选项，按【Enter】键

3.3　动态输入

动态输入是 AutoCAD 2008 常用的辅助功能。使用动态输入功能可以在工具栏提示中输入坐标值，而不必在命令行中进行输入。光标旁边显示的工具栏提示信息将随着光标的移动而动态更新。当某个命令处于活动状态时，可以在工具栏提示中输入值。

在工具栏提示中的值将随着光标移动而改变。按 Tab 键可以移动到要更改的值。在输入字段并按 TAB 键后，该字段将显示一个锁定图标，并且光标会受输入的值约束，如图 3-7 所示。动态输入的方法使得坐标输入方法更方便、更多样化。

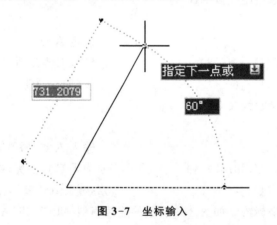

图 3-7　坐标输入

练习题

1. 绘制如图所示的图形。

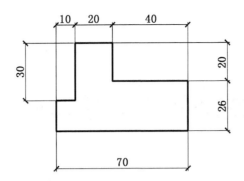

2. 用相对坐标绘制如图所示的四边形 ABCD。

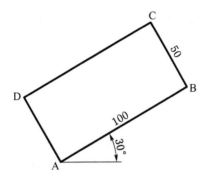

3. 已知 A 点的绝对坐标,确定 A 点,用相对坐标绘制其他各点,完成如图所示图形的绘制。

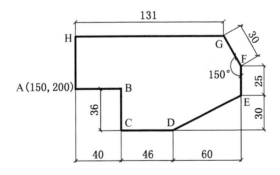

4. 用相对坐标完成如图所示图形的绘制。

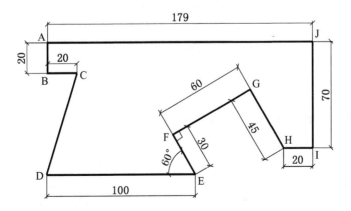

4 AutoCAD 2008 常用绘图命令

AutoCAD 2008 常用绘图命令除了绘制直线以外,还有绘制矩形、多段线、多边形、圆和圆弧等多个绘图命令,功能丰富多样。在绘图时,可以调用出绘图工具栏。AutoCAD 2008 的默认界面是把绘图工具栏放在界面的左侧,右侧是修改工具栏。

4.1 绘制构造线

构造线命令是指绘制向两个方向无限延伸的直线,通常也称为参照线,一般用作绘图过程中的辅助线。构造线可集中绘制在某一图层中,将来输出图形时,将该图层关闭,辅助线就不用打印出来了。

启用"构造线"命令有以下方法:

★ 选择→【绘图】→【构造线】菜单命令

★ 单击绘图工具栏中的"构造线"按钮 ⟋

★ 输入命令:XLINE   命令简写为 XL

【例 4-1】 绘制角 ABC 二等分线,如图 4-1 所示。

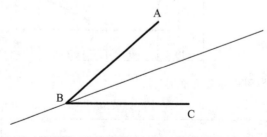

图 4-1 绘制∠ABC 二等分线

操作步骤如下:

命令:_xline 指定点或[水平(H)/垂直(V)/角度(A)/二等分(B)/偏移(O)]:B

//启用构造线 ⟋ 命令,输入"B",按【Enter】键

指定角的顶点: //单击 B 点

指定角的起点: //单击 A 点

指定角的端点: //单击 C 点

指定角的端点: //按【Enter】键。

4.2　绘制多段线

用多段线命令可以绘出由直线或圆弧组成的逐段相连的整体线段。在绘制过程中,用户可以随意设置线宽。

绘制出的线段可以每一段宽度不同,可以一段直线一段圆弧。使用多段线命令和直线命令绘制的线段不同,用 PLINE 命令的线段是一个整体对象,而用 LINE 命令的线段的每一段是一个对象。

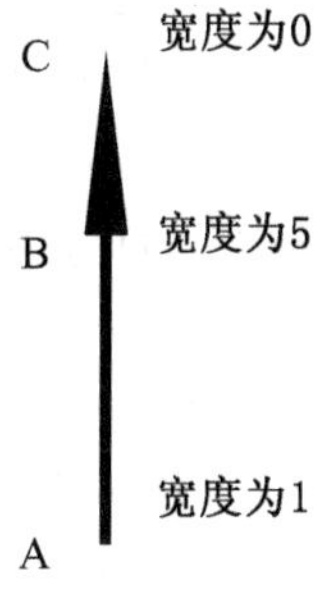

启用绘制"多段线"命令有以下方法:

★ 选择→【绘图】→【多段线】菜单命令

★ 单击绘图工具栏中的"多段线"按钮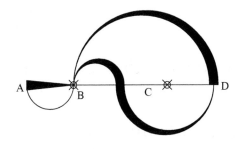

★ 输入命令:PLINE　　命令简写为 PL

【例 4-2】　绘制如图 4-2 所示多段线。

操作步骤如下:

命令:PLINE

指定起点:

当前线宽为 0.0000

指定下一个点或[圆弧(A)/半宽(H)/长度(L)/放弃(U)/宽度(W)]:〈正交开〉w

指定起点宽度〈0.0000〉:1　　　　　　　　　　　　　　　　　　//确定 A 点

指定端点宽度〈1.0000〉:

指定下一个点或[圆弧(A)/半宽(H)/长度(L)/放弃(U)/宽度(W)]:　　//确定 B 点

指定下一个点或[圆弧(A)/闭合(C)/半宽(H)/长度(L)/放弃(U)/宽度(W)]:w

指定起点宽度〈1.0000〉:5

指定端点宽度〈5.0000〉:0

指定下一个点或[圆弧(A)/闭合(C)/半宽(H)/长度(L)/放弃(U)/宽度(W)]://确定 C 点

【例 4-3】　绘制如图 4-3 所示多段线。

图 4-2　箭头

图 4-3　多段线

操作步骤如下:

命令:_pline　　　　　　　　　　　　　　　　　//选择多段线工具

指定起点:〈对象捕捉开〉   //单击确定 A 点位置

当前线宽为 0.0000   //按【Enter】键

指定下一个点或[圆弧(A)/半宽(H)/长度(L)/放弃(U)/宽度(W)]:A

//输入 A,选择圆弧选项,按【Enter】键

指定圆弧的端点或

[角度(A)/圆心(CE)/方向(D)/半宽(H)/直线(L)/半径(R)/第二个点(S)/放弃(U)/宽

度(W)]:A   //输入 A,选择角度选项,按【Enter】键

指定包含角:180   //输入圆弧的包含角度值

指定圆弧的端点或[圆心(CE)/半径(R)]: //单击 B 点确定 AB 弧

指定圆弧的端点或

[角度(A)/圆心(CE)/闭合(CL)/方向(D)/半宽(H)/直线(L)/半径(R)/第二个点(S)/

放弃(U)/宽度(W)]:W   //输入 W,选择宽度选项,按【Enter】键

指定起点宽度〈0.0000〉:0   //输入起点宽度为 0

指定端点宽度〈0.0000〉:10   //输入端点宽度为 10

指定圆弧的端点或

[角度(A)/圆心(CE)/闭合(CL)/方向(D)/半宽(H)/直线(L)/半径(R)/第二个点(S)/

放弃(U)/宽度(W)]:   //单击 D 点确定 BD 弧

指定圆弧的端点或

[角度(A)/圆心(CE)/闭合(CL)/方向(D)/半宽(H)/直线(L)/半径(R)/第二个点(S)/

放弃(U)/宽度(W)]:W   //输入 W,选择宽度选项,按【Enter】键

指定起点宽度〈10.0000〉:0   //输入起点宽度为 0

指定端点宽度〈0.0000〉:10   //输入端点宽度为 10

指定圆弧的端点或

[角度(A)/圆心(CE)/闭合(CL)/方向(D)/半宽(H)/直线(L)/半径(R)/第二个点(S)/

放弃(U)/宽度(W)]:   //单击 C 点确定 DC 弧

指定圆弧的端点或

[角度(A)/圆心(CE)/闭合(CL)/方向(D)/半宽(H)/直线(L)/半径(R)/第二个点(S)/

放弃(U)/宽度(W)]:W   //输入 W,选择宽度选项,按【Enter】键

指定起点宽度〈10.0000〉:   //输入端点宽度为 10

指定端点宽度〈0.0000〉:0   //输入端点宽度为 0

指定圆弧的端点或

[角度(A)/圆心(CE)/闭合(CL)/方向(D)/半宽(H)/直线(L)/半径(R)/第二个点(S)/

放弃(U)/宽度(W)]:   //单击 B 点确定 CB 弧

指定圆弧的端点或

[角度(A)/圆心(CE)/闭合(CL)/方向(D)/半宽(H)/直线(L)/半径(R)/第二个点(S)/

放弃(U)/宽度(W)]:L   //输入 L,选择直线选项

指定下一个点或[圆弧(A)/闭合(C)/半宽(H)/长度(L)/放弃(U)/宽度(W)]:W

//输入 W,选择宽度选项,按【Enter】键

指定起点宽度〈0.0000〉:   //输入起点宽度为 0

指定端点宽度〈0.0000〉:10　　　　　　　　　//输入端点宽度为 10
指定下一个点或[圆弧(A)/闭合(C)/半宽(H)/长度(L)/放弃(U)/宽度(W)]:
　　　　　　　　　　　　　　//单击 A 点或输入 C 闭合,确定 BA 直线。

【例 4-4】　绘制如图 4-4 所示多段线。AB、BC、CD、DE 及 EF 各段均为 50 长度,宽度变化如图所示。

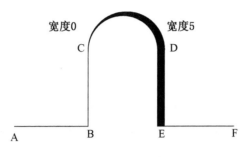

图 4-4　多段线

操作步骤如下:
命令:_pline
指定起点:　　　　　　　　　　　　　//确定 A 点
当前线宽为 0.0000
指定下一个点或[圆弧(A)/半宽(H)/长度(L)/放弃(U)/宽度(W)]:50
　　　　　　　　　　　　　//正交打开,确定 B 点
指定下一个点或[圆弧(A)/闭合(C)/半宽(H)/长度(L)/放弃(U)/宽度(W)]:50
　　　　　　　　　　　　　//确定 C 点
指定下一个点或[圆弧(A)/闭合(C)/半宽(H)/长度(L)/放弃(U)/宽度(W)]:A
　　　　　　　　　　　　　//选择圆弧选项
指定圆弧的端点或
[角度(A)/圆心(CE)/闭合(CL)/方向(D)/半宽(H)/直线(L)/半径(R)/第二个点(S)/
放弃(U)/宽度(W)]:W　　　　　　　　//选择宽度选项
　指定起点宽度〈0.0000〉:
　指定端点宽度〈0.0000〉:5
　指定圆弧的端点或
　[角度(A)/圆心(CE)/闭合(CL)/方向(D)/半宽(H)/直线(L)/半径(R)/第二个点(S)/
放弃(U)/宽度(W)]:50　　　　　　　　//确定 D 点
　指定圆弧的端点或
　[角度(A)/圆心(CE)/闭合(CL)/方向(D)/半宽(H)/直线(L)/半径(R)/第二个点(S)/
放弃(U)/宽度(W)]:L　　　　　　　　//输入 L,选择直线选项
　指定下一个点或[圆弧(A)/闭合(C)/半宽(H)/长度(L)/放弃(U)/宽度(W)]:
　　　　　　　　　　　　　//对象捕捉 B 点,确定 E 点
　指定下一个点或[圆弧(A)/闭合(C)/半宽(H)/长度(L)/放弃(U)/宽度(W)]:W
　指定起点宽度〈5.0000〉:0

指定端点宽度〈0.0000〉:

指定下一个点或[圆弧(A)/闭合(C)/半宽(H)/长度(L)/放弃(U)/宽度(W)]:50

//确定 F 点

指定下一个点或[圆弧(A)/闭合(C)/半宽(H)/长度(L)/放弃(U)/宽度(W)]:

//按【Enter】键

4.3 绘制正多边形

在 AutoCAD 2008 中,正多边形是具有等边长的封闭图形,其边数为 3～1024 之间的整数。绘制正多边形时,AutoCAD 提供了几种画法,用户可以通过与假想圆的内接或外切的方法进行绘制,也可以指定正多边形某边的端点来绘制。

启用绘制"正多边形"的命令有以下方法:

★ 选择→【绘图】→【正多边形】菜单命令

★ 单击绘图工具栏中的"正多边形"按钮

★ 输入命令:POLYGON　命令简写 POL

如图 4-5 所示,先来认识一下【内接于圆(I)】和【外切于圆(C)】模式,内接于半径为 25 的圆形的正六边形,和外切于 25 半径的圆形的正六边形。图中绘制两种图形都与假想圆的半径有关系,用户绘制正多边形时要弄清正多边形与圆的关系。内接于圆的正六边形,从六边形中心到两边交点的连线等于圆的半径。而外切于圆的正六边形的中心到边的垂直距离等于圆的半径。

【例 4-5】　绘制如图 4-5 所示的正六边形。

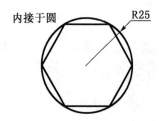 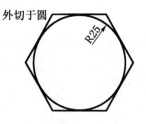 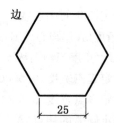

图 4-5　正六边形

操作步骤如下:

命令:_polygon 输入边的数目〈4〉:6

指定正多边形的中心点或[边(E)]:

输入选项[内接于圆(I)/外切于圆(C)]〈I〉:

指定圆的半径:25

命令:_polygon 输入边的数目〈6〉:

指定正多边形的中心点或[边(E)]:

输入选项[内接于圆(I)/外切于圆(C)]〈I〉:c

指定圆的半径:25

命令:_polygon 输入边的数目〈6〉:

指定正多边形的中心点或[边(E)]:e

指定边的第一个端点:

指定边的第二个端点:25

【例 4-6】 绘制如图 4-6 所示正多边形图形。下面的三角形 AC 边长 30 m,AB 边长 40 m。

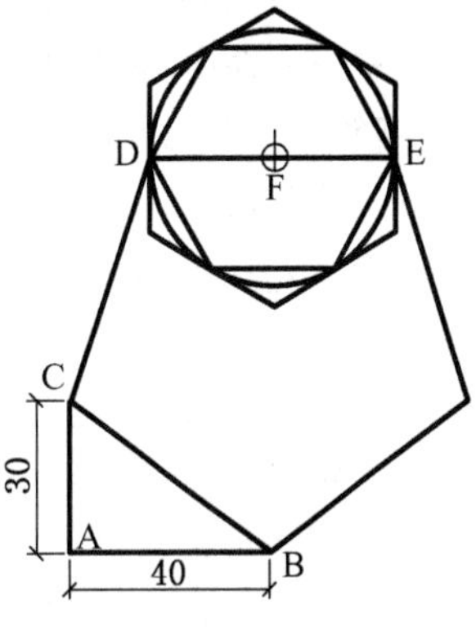

操作步骤如下:

命令:_line

指定第一点:

指定下一点或[放弃(U)]:30

指定下一点或[放弃(U)]:40

指定下一点或[闭合(C)/放弃(U)]:c　　　　//绘制三角形 ABC

命令:_polygon

输入边的数目〈6〉:5

指定正多边形的中心点或[边(E)]:e

指定边的第一个端点:　　　　　　　　　　//对象捕捉 C 点

指定边的第二个端点:〈正交关〉　　　　　//对象捕捉 B 点

命令:_polygon

输入边的数目〈5〉:6

指定正多边形的中心点或[边(E)]:　　　　//对象捕捉 DE 的中点 F 点

输入选项[内接于圆(I)/外切于圆(C)]〈C〉:

指定圆的半径:　　　　　　　　　　　　//对象捕捉 D 点

命令:_polygon

输入边的数目〈6〉:

指定正多边形的中心点或[边(E)]:

输入选项[内接于圆(I)/外切于圆(C)]〈C〉:I

指定圆的半径:　　　　　　　　　　　　//对象捕捉 D 点

命令:_circle

指定圆的圆心或[三点(3P)/两点(2P)/相切、相切、半径(T)]://对象捕捉 DE 的中点 F 点

指定圆的半径或[直径(D)]〈25.0000〉:　　//对象捕捉 D 点

图 4-6 正多边形综合图形

4.4　绘制矩形

矩形命令以指定两个对角点的方式来绘制,同时可以设定其宽度、圆角和倒角等。在建筑工程图中常用于绘制门、窗等矩形形状的图形。

启用绘制"矩形"命令有以下方法：

★ 选择→【绘图】→【矩形】菜单命令

★ 单击绘图工具栏中的"矩形"按钮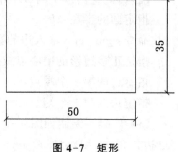

★ 输入命令：RECTANG   命令简写为 REC

【例4-7】 绘制如图4-7所示矩形。

操作步骤如下：

命令：_rectang

指定第一个角点或[倒角(C)/标高(E)/圆角(F)/厚度(T)/宽度(W)]：

指定另一个角点或[面积(A)/尺寸(D)/旋转(R)]：d   //精确尺寸绘制

指定矩形的长度〈10.0000〉：50

指定矩形的宽度〈10.0000〉：35

指定另一个角点或[面积(A)/尺寸(D)/旋转(R)]：   //单击确定角点位置

图 4-7　矩形

【例4-8】 绘制如图4-8所示矩形，线宽为1、圆角为10、长边为50、短边为35的水盆。

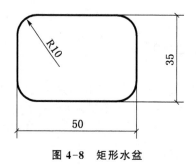

图 4-8　矩形水盆

操作步骤如下：

命令：_rectang

指定第一个角点或[倒角(C)/标高(E)/圆角(F)/厚度(T)/宽度(W)]：w

//输入"W"，设置线的宽度

指定矩形的线宽〈0.0000〉：1

指定第一个角点或[倒角(C)/标高(E)/圆角(F)/厚度(T)/宽度(W)]：f

//输入"F"，设置圆角

指定矩形的圆角半径〈0.0000〉：10

指定第一个角点或[倒角(C)/标高(E)/圆角(F)/厚度(T)/宽度(W)]：

//点击确定左上角

指定另一个角点或[面积(A)/尺寸(D)/旋转(R)]：@50,-35

//用相对坐标确定右下角

【例4-9】 绘制如图4-9所示四种矩形。

操作步骤如下：

命令：_rectang

指定第一个角点或[倒角(C)/标高(E)/圆角(F)/厚度(T)/宽度(W)]：

//单击 A 点，按【Enter】键。

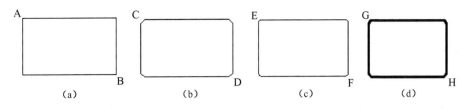

图 4-9 绘制矩形图例

指定另一个角点或[面积(A)/尺寸(D)旋转(R)]: //单击 B 点,按【Enter】键。

结果如图 4-9(a)所示。

命令:_rectang   //按【Enter】键,重复"矩形"命令

指定第一个角点或[倒角(C)/标高(E)/圆角(F)/厚度(T)/宽度(W)]:C

             //输入"C",设置倒角

指定矩形的第一个倒角距离〈0.0000〉:2   //第一个倒角距离为 2

指定矩形的第二个倒角距离〈2.0000〉:   //按【Enter】键

指定第一个角点或[倒角(C)/标高(E)/圆角(F)/厚度(T)/宽度(W)]:

             //单击 C 点,按【Enter】键

指定另一个角点或[面积(A)/尺寸(D)旋转(R)]: //单击 D 点,按【Enter】键。

结果如图 4-9(b)所示。

命令:_rectang

指定第一个角点或[倒角(C)/标高(E)/圆角(F)/厚度(T)/宽度(W)]:F

             //输入"F",设置圆角

指定矩形的圆角半径〈2.0000〉:   //圆角半径设置为 2

指定第一个角点或[倒角(C)/标高(E)/圆角(F)/厚度(T)/宽度(W)]:

             //单击 E 点,按【Enter】键

指定另一个角点或[面积(A)/尺寸(D)旋转(R)]: //单击 F 点,按【Enter】键

结果如图 4-9(c)所示。

命令:_rectang   //按【Enter】键,重复"矩形"命令

当前矩形模式:圆角=2.0000   //当前圆角半径为 2

指定第一个角点或[倒角(C)/标高(E)/圆角(F)/厚度(T)/宽度(W)]:W

             //输入"W",设置线的宽度

指定矩形的线宽〈0.0000〉:1   //线宽值为 1

指定第一个角点或[倒角(C)/标高(E)/圆角(F)/厚度(T)/宽度(W)]:

             //单击 G 点,按【Enter】键

指定另一个角点或[面积(A)/尺寸(D)旋转(R)]: //单击 H 点,按【Enter】键

结果如图 4-9(d)所示。

矩形命令中圆角、倒角、线宽等的设置具有记忆性,例如后面画的矩形具有前面设置的特征。绘制的矩形是一个整体对象,编辑时须通过分解命令使之分解成单个线段,分解的同时矩形也失去线宽性质。

4.5 绘制圆和圆弧

圆与圆弧是工程图样中常见的曲线元素,在 AutoCAD 2008 中提供了多种绘制圆与圆弧的方法,下面详细介绍绘制圆与圆弧的命令及其操作方法。

4.5.1 绘制圆

启用绘制"圆"的命令有以下方法:

★ 选择→【绘图】→【圆】菜单命令

★ 单击绘图工具栏中的"圆"按钮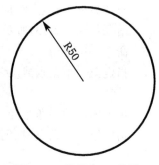

★ 输入命令:CIRCLE   命令简写为 C

下面对各种方法分别进行介绍:

(1) 圆心和半径画圆

确定圆心和半径画圆是画圆的默认选项。用户在"指定圆的圆心"提示下,输入圆心坐标后,命令行提示:

指定圆的半径或[直径(D)]:

直接输入半径,按【Enter】键结束命令。

【例 4-10】 绘制如图 4-10 所示半径为 50 的圆。

操作步骤如下:

命令:_circle

指定圆的圆心或[三点(3P)/两点(2P)/相切、相切、半径(T)]:

指定圆的半径或[直径(D)]:50   //输入半径值,按【Enter】键

(2) 圆心和直径画圆

这是通过指定圆心和直径绘制一个圆。

【例 4-11】 绘制如图 4-11 所示直径为 100 的圆。

图 4-10   半径为 50 的圆

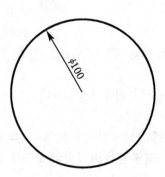

图 4-11   直径为 100 的圆

操作步骤如下：

命令：_circle

指定圆的圆心或［三点(3P)/两点(2P)/相切、相切、半径(T)］：

指定圆的半径或［直径(D)］〈50.0000〉:d　　　　　//输入直径选项

指定圆的直径〈100.0000〉:100　　　　　　　　　//输入直径值,按【Enter】键

（3）两点画圆

这是指定两点(直径的两个端点)绘制一个圆。对主提示键入 2p 选项。

操作步骤如下：

命令：_circle

指定圆的圆心或［三点(3P)/两点(2P)/相切、相切、半径(T)］:2p

指定圆直径的第一个端点：

指定圆直径的第二个端点:〈正交开〉

（4）三点画圆

这是指定三点绘制一个圆。对主提示键入 3p 选项。

【例 4-12】　如图 4-12 所示,通过指定的三个点 ABC 画圆。

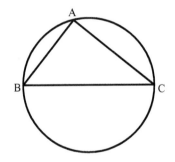

图 4-12　三点法画圆

操作步骤如下：

命令：_circle

指定圆的圆心或［三点(3P)/两点(2P)/相切、相切、半径(T)］:3P

指定圆上的第一个点：　　　　　　　　　　　//单击 A 点

指定圆上的第二个点：　　　　　　　　　　　//单击 B 点

指定圆上的第三个点：　　　　　　　　　　　//单击 C 点,按【Enter】键。

（5）相切、相切、半径画圆

选择【相切、相切、半径】选项,通过选择两个与圆相切的对象,并输入圆的半径画圆。

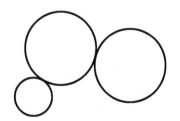
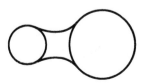

图 4-13　圆弧连接

【例 4-13】 如图 4-14 所示,与直线 OA 和 OB 相切,半径为 20 的圆。

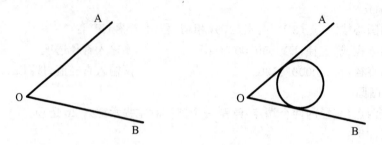

图 4-14　相切,相切半径画圆

操作步骤如下:

命令:_circle

指定圆的圆心或[三点(3P)/两点(2P)/相切、相切、半径(T)]:

//输入"T"选择"相切、相切、半径"

指定对象与圆的第一个切点: //捕捉线段 OA 的切点

指定对象与圆的第二个切点: //捕捉线段 OB 的切点

指定圆的半径〈100〉: //指定半径 20,按【Enter】键。

(6) 相切、相切、半径画圆

选择【相切、相切、相切】选项,通过选择三个与圆相切的对象画圆。此命令必须从绘图菜单栏中圆子菜单里调出,如图 4-15 所示。

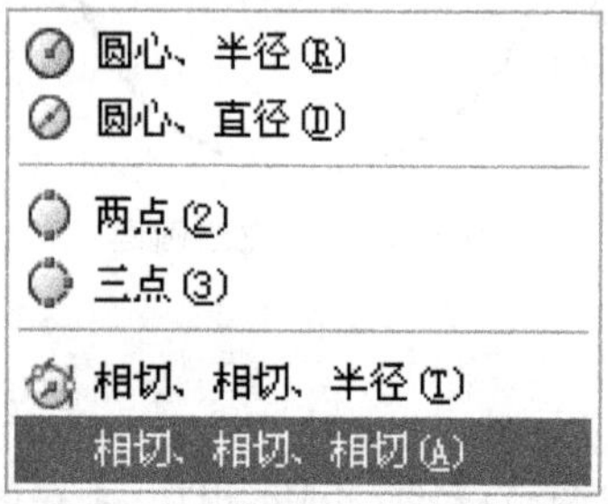

圆心、半径(R)

圆心、直径(D)

两点(2)

三点(3)

相切、相切、半径(T)

相切、相切、相切(A)

图 4-15　相切、相切、相切命令

【例 4-14】 如图 4-16 所示,图(a)已知有一直线 AB 及圆 O_1 和 O_2,试作出如图(b)所示与三者都相切的圆 O_3。

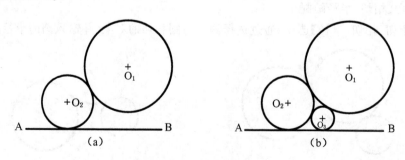

（a）　　　　　　　　　　　　（b）

图 4-16　相切、相切、相切

操作步骤如下：

命令：_circle

指定圆的圆心或［三点(3P)/两点(2P)/相切、相切、半径(T)］：

　　　　　　　　　　　　　　//选择→【绘图】→【圆】→【相切、相切、相切】选项

指定圆上的第一个点：_tan 到　　　//捕捉线段 AB 的切点

指定圆上的第二个点：_tan 到　　　//捕捉圆 O1 的切点

指定圆上的第三个点：_tan 到　　　//捕捉圆 O2 的切点，按【Enter】键

4.5.2　绘制圆弧

AutoCAD 2008 中绘制圆弧有多种方法，其中缺省状态下是通过确定三点来绘制圆弧。绘制圆弧时，可以通过设置起点、圆心、半径、角度、端点、弦长等参数来进行绘制。在绘图过程中，用户可以采用不同的办法进行绘制。

启用绘制"圆弧"命令有以下方法：

★ 选择→【绘图】→【圆弧】菜单命令

★ 单击绘图工具栏上"圆弧"的按钮

★ 输入命令：ARC　　　命令简写为 A

通过选择→【绘图】→【圆弧】菜单命令后，系统将显示弹出如图 4-17 所示圆弧下拉菜单，在子菜单中提供了 10 种绘制圆弧的方法，用户可根据自己的需要，选择相应的选项进行圆弧的绘制。

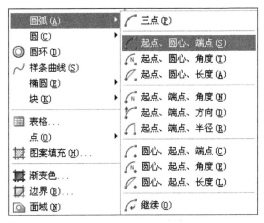

图 4-17　圆弧下拉菜单

如图 4-18 所示 10 种绘制圆弧的方法，点击顺序按照 1、2、3 顺序进行绘制。

【例 4-15】　如图 4-19 所示，绘制图中所示圆弧。

操作步骤如下：

命令：_arc

指定圆弧的起点或［圆心(C)］：〈对象捕捉开〉　　　//单击 1 点

指定圆弧的第二个点或［圆心(C)/端点(E)］：c

指定圆弧的圆心：　　　　　　　　　　　//单击 2 点

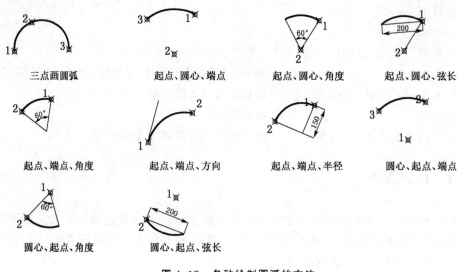

图 4-18 各种绘制圆弧的方法

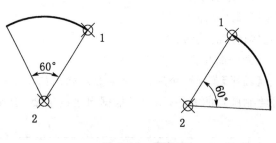

图 4-19 圆弧

指定圆弧的端点或[角度(A)/弦长(L)]:a

指定包含角:60   //完成左边的图形

命令:_arc

指定圆弧的起点或[圆心(C)]:   //单击1点

指定圆弧的第二个点或[圆心(C)/端点(E)]:c

指定圆弧的圆心: //单击2点

指定圆弧的端点或[角度(A)/弦长(L)]:a

指定包含角:-60   //完成右边的图形

【例 4-16】 如图 4-20 所示,绘制图中所示圆弧。

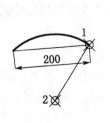
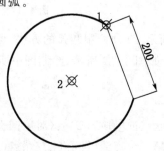

图 4-20 圆弧

操作步骤如下：

命令：_arc

指定圆弧的起点或[圆心(C)]：　　　　　　　　　　　　//单击 1 点

指定圆弧的第二个点或[圆心(C)/端点(E)]：c

指定圆弧的圆心：　　　　　　　　　　　　　　　　　　//单击 2 点

指定圆弧的端点或[角度(A)/弦长(L)]：l

指定弦长：200　　　　　　　　　　　　　　　　　　　　//完成左边的图形

命令：_arc

指定圆弧的起点或[圆心(C)]：　　　　　　　　　　　　//单击 1 点

指定圆弧的第二个点或[圆心(C)/端点(E)]：c

指定圆弧的圆心：　　　　　　　　　　　　　　　　　　//单击 2 点

指定圆弧的端点或[角度(A)/弦长(L)]：l

指定弦长：－200　　　　　　　　　　　　　　　　　　　//完成右边的图形

　　绘制圆弧需要输入圆弧的角度时，角度为正值，则按逆时针方向画圆弧；角度为负值，则按顺时针方向画圆弧。若输入弦长和半径为正值，则绘制 180°范围内的圆弧；若输入弦长和半径为负值，则绘制大于 180°的圆弧。

4.6　绘制修订云线

　　修订云线是创建由连续圆弧组成的多段线以构成云形线。在实际应用中，例如检查图形，可以用修订云线圈阅，以使标记明显。云形线其弧长的最大值和最小值可以分别进行设定。

　　启用绘制"修订云线"的命令有以下方法：

★ 选择→【绘图】→【修订云线】菜单命令

★ 单击绘图工具栏中的"云线"按钮

★ 输入命令：REVCLOUD

云线图形如图 4-21 所示。

图 4-21　画云线

4.7　绘制样条曲线

　　样条曲线是通过输入一系列的控制点形成一条光滑的曲线。样条曲线常用来绘制曲线，如机械图中的波浪线和园林规划景观中的曲线等。

　　启用"样条曲线"命令有以下方法：

★ 选择→【绘图】→【样条曲线】菜单命令

★ 单击绘图工具栏中的"样条曲线"按钮

★ 输入命令：SPLINE　命令简写 SPL

【例 4-17】　绘制如图 4-22 所示的样条曲线。

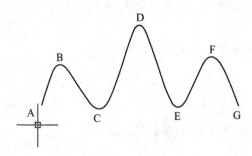

图 4-22　样条曲线的绘制

操作步骤如下：

命令：_spline	//启用样条曲线命令
指定第一个点或[对象(O)]：	//单击确定 A 点的位置
指定下一点：	//单击确定 B 点的位置
指定下一点或[闭合(C)/拟合公差(F)]〈起点切向〉：	//单击确定 C 点的位置
指定下一点或[闭合(C)/拟合公差(F)]〈起点切向〉：	//单击确定 D 点的位置
指定下一点或[闭合(C)/拟合公差(F)]〈起点切向〉：	//单击确定 E 点的位置
指定下一点或[闭合(C)/拟合公差(F)]〈起点切向〉：	//单击确定 F 点的位置
指定下一点或[闭合(C)/拟合公差(F)]〈起点切向〉：	//单击确定 G 点的位置
指定下一点或[闭合(C)/拟合公差(F)]〈起点切向〉：	//按【Enter】键
指定起点切向：	//移动鼠标,单击确定起点方向
指定端点切向：	//移动鼠标,单击确定端点方向

4.8　绘制椭圆和椭圆弧

在 AutoCAD 2008 中绘制椭圆与椭圆弧比较简单。建筑绘图中常用来绘制小的物品,如洗手盆、装饰图案等。

4.8.1　绘制椭圆

绘制椭圆的主要参数是椭圆的长轴和短轴,绘制椭圆的缺省方法是通过指定椭圆的第一根轴线的两个端点及另一半轴的长度。

启用绘制"椭圆"的命令有以下方法：

★ 选择→【绘图】→【椭圆】菜单命令

★ 单击绘图工具栏中的"椭圆"按钮

★ 输入命令:ELLIPSE　　　命令简写 EL

4.8.2　绘制椭圆弧

绘制椭圆弧的方法和绘制椭圆相似,首先确定椭圆的长轴和短轴,然后再输入椭圆弧的起始角和终止角。椭圆弧的起始角(终止角)是椭圆第一个轴的第一个端点、椭圆中心和弧起点(终点)所形成的逆时针角度,椭圆中心为角的顶点。启用绘制"椭圆弧"的命令有以下方法:

★ 选择→【绘图】→【椭圆】→【椭圆弧】菜单命令

★ 单击绘图工具栏中的"椭圆弧" ⌒ 命令

【例 4-18】　绘制如图 4-23 所示的椭圆及椭圆弧。

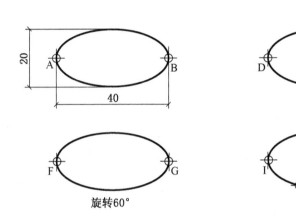

图 4-23　绘制椭圆

操作步骤如下:

命令:_ellipse

指定椭圆的轴端点或[圆弧(A)/中心点(C)]:　　　//单击 A 点

指定轴的另一个端点:〈正交开〉40　　　　　　　　//确定椭圆长轴 B 点

指定另一条半轴长度或[旋转(R)]:10　　　　　　　//确定椭圆短轴

命令:_ellipse

指定椭圆的轴端点或[圆弧(A)/中心点(C)]:C　　　//输入"C",选择"中心点"选项

指定椭圆的中心点:　　　　　　　　　　　　　　//单击 C 点

指定轴的端点:20　　　　　　　　　　　　　　　//指定长轴方向输入长度

指定另一条半轴长度或[旋转(R)]:10

命令:_ellipse

指定椭圆的轴端点或[圆弧(A)/中心点(C)]:

指定轴的另一个端点:40

指定另一条半轴长度或[旋转(R)]:R

指定绕长轴旋转的角度:60　　　　　　　　　　　//圆以一直径为轴旋转 60°时,圆在直径平行的平面上的投影为椭圆

命令:_ellipse   //启用绘制"椭圆弧" 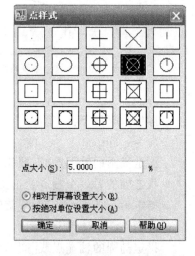 命令

指定椭圆的轴端点或[圆弧(A)/中心点(C)]:_a

指定椭圆弧的轴端点或[中心点(C)]:   //单击 H 点

指定轴的另一个端点:40   //指向 I 点方向

指定另一条半轴长度或[旋转(R)]:10   //指向 J 点方向

指定起始角度或[参数(P)]:0

指定终止角度或[参数(P)/包含角度(I)]:225   //按【Enter】键

4.9 绘制点

4.9.1 设置点样式

点是图样中的最基本元素,在 AutoCAD 2008 中,点的主要用途是用作标记位置或作为参考点。例如标出圆心、端点位置等,作为一些编辑命令的参考点等。用户在绘制点时要知道绘制什么样的点和点的大小,因此需要设置点的样式。

设置点的样式操作步骤如下:

(1)选择→【格式】→【点样式】菜单命令,系统弹出如图 4-24 所示【点样式】对话框。

(2)在【点样式】对话框中提供了多种点样式,用户可以根据自己的需要进行选择。点的大小通过"点样式"中的"点大小"文本框内输入数值,设置的点显示大小。

(3)单击 确定 按钮,点样式设置完毕。

4.9.2 绘制点

启用绘制"点"的命令有以下方法:

★ 选择→【绘图】→【点】→【单点】菜单命令

★ 单击绘图工具栏中"点"的按钮

★ 输入命令:POINT   命令简写 PO

点的绘制还可以定数等分和定距等分。

(1)定数等分点

在 AutoCAD 2008 建筑绘图中,绘制等分点是将一段线段(直线段、多段线、样条曲线、圆、圆弧、椭圆、矩形、多边形)分成几段,按当前设定的点的样式绘制出各等分点位置,启用"点的定数等分"命令。选择→【绘图】→【点】→【定数等分】菜单命令。在所选择的对象上绘制等分点。

【例 4-19】 绘制如图 4-25 所示。用点样式 ⊕ 将图中圆形定数等分为六份。

图 4-24 【点样式】对话框

点大小(S):5.0000 %

◉相对于屏幕设置大小(R)
◯按绝对单位设置大小(A)

确定   取消   帮助(H)

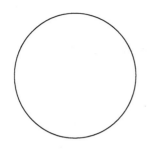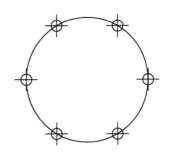

图 4-25 定数等分点的绘制

操作步骤如下：

选择→【格式】→【点样式】菜单命令，系统弹出如图 4-26 所示【点样式】对话框。

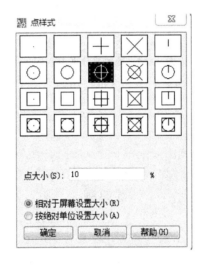

图 4-26

命令:_divide   //选择定数等分菜单命令

选择要定数等分的对象：   //选择要进行等分的圆

输入线段数目或[块(B)]:6   //输入等分数目

（2）定距等分点

这是用户设定一段长度，按此长度在线段（直线段、多段线、样条曲线、圆、圆弧、椭圆、矩形、多边形）上，以当前设定的点的样式依次绘制点标记，但不一定是等分。

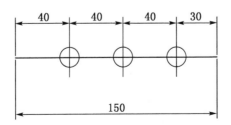

图 4-27 定距等分点的绘制

例如线段的长度为 150 mm,设定每段的长度为 40 mm,则在线段上绘制出三个点,前三段均为 40 mm,后一段为 30 mm。

启用点的"定距等分"命令。选择→【绘图】→【点】→【定距等分】菜单命令,在所选择的对象上绘制等分点。

【例 4-20】 绘制如图 4-28 所示。用点样式 ⊕ 将图中多段线定距等分,每一段的距离为 200 mm。

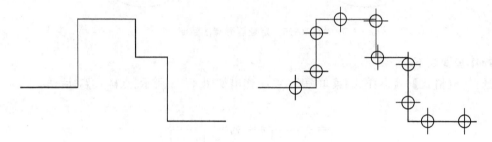

图 4-28 定距等分点的绘制

操作步骤如下:

命令:_measure   //选择定距等分菜单命令
选择要定距等分的对象: //选择要进行等分的直线
指定线段长度或[块(B)]:200   //输入指定的间距

练习题

1. 绘制一个三角形,其中:AB 长为 100,BC 长为 80,AC 长为 60;绘制三角形 AB 边的高 CO;绘制三角形 OAC 和 OBC 的内切圆;绘制三角形 ABC 的外接圆。完成后的图形如图 4-29 所示。

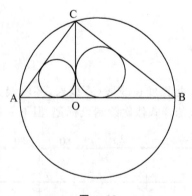

图 4-29

2. 绘制一个长度为 150 单位的水平线,并将线进行 4 等分。绘制多段线,其中:线宽在 B、C 两点处最宽,宽度为 10;A、D 两点处线宽为 0。完成后图形如图 4-30 所示。

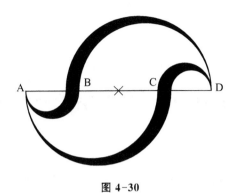

图 4-30

3. 绘制如图 4-31 所示的图形。

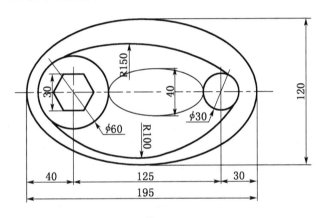

图 4-31

AutoCAD 2008 基本编辑命令

AutoCAD 2008 除了绘制命令以外,还具有很强的图形修改功能,功能丰富多样。在绘图时,可以修改已绘好的图形,确保作图准确。修改命令的使用可以大幅度的提高绘图效率和图形质量。

5.1 对象选择方式

AutoCAD 提供了两种修改方式:一种是先发出一个修改命令,然后再选择对象来修改;另一种是在"命令:"提示符下先选择图形对象,然后再对它们执行修改命令,即先定义选择集,后输入命令。这时,因为命令调用前已经选好了对象,命令调用后就不再提示"选择对象:"。在实际修改图形时这两种修改方式都可使用。

对于不同图形、不同位置的对象可使用不同的选择方式,这样可提高绘图的工作效率。

5.1.1 选择对象的方式

在 AutoCAD 2008 中提供了多种选择对象的方法,在通常情况下,用户可通过鼠标逐个点取被编辑的对象,也可以利用矩形窗口、交叉矩形窗口选取对象,同时可以利用多边形窗口、交叉多边形窗口等方法选取对象。

1)选择单个对象

选择单个对象的方法叫做点选。由于只能选择一个图形元素,所以又叫单选方式。即用光标直接选择对象。用十字光标直接单击图形对象,被选中的对象将以带有夹点的虚线显示,如图 5-1 所示,选择一个圆;如果需要选择多个图形对象,可以继续单击需要选择的图形对象。

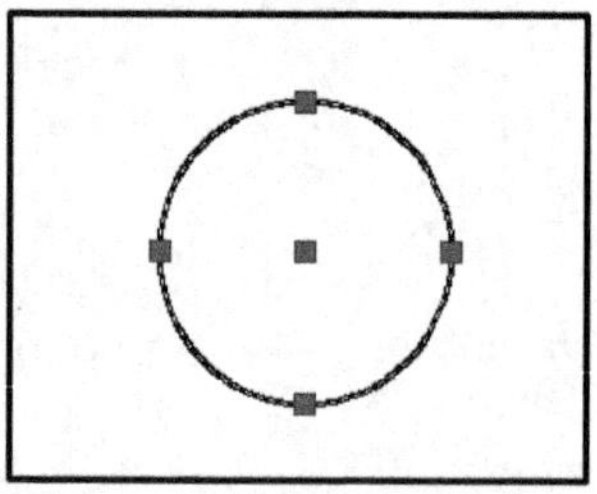

2)利用矩形窗口选择对象

如果用户需要选择多个对象时,应该使用矩形窗口选择对象。

在需要选择多个图形对象的左上角或左下角单击,并向右下角或右上角方向移动鼠标,系统将显示一个矩形框,当矩形框将需要选择的图形对象包围后,单击鼠标,包围在矩形框中的所有对象就被选中,如图 5-2 所示,选中的对象以虚线显示。

图 5-1　十字光标单击

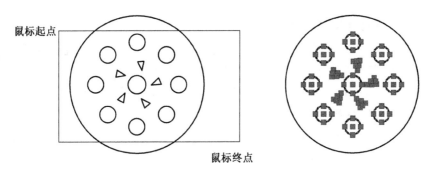

图 5-2　矩形窗口选择对象

如果一个对象仅有一部分在矩形选择窗口中,那么该对象将不会被选中。图 5-2 中最外圈圆形只有一部分在矩形选择窗口中,它没有被选中,选择对象中没有它。

3）利用交叉矩形窗口选择对象

在需要选择的对象右上角或右下角单击,并向左下角或左上角方向移动鼠标,系统将显示一个绿色的矩形虚线框,当虚线框将需要选择的图形对象包围后,单击鼠标,虚线框包围和相交的所有对象就被选中,如图 5-3 所示,被选中的对象以虚线显示。

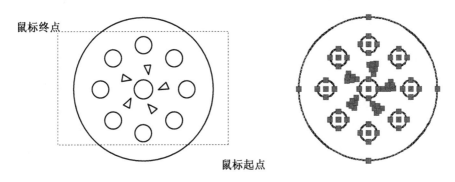

图 5-3　交叉矩形窗口选择对象

交叉矩形窗口与矩形窗口方式类似,不同的是:①交叉矩形窗口拉出的是虚线矩形选择窗口;②交叉矩形窗口内及与窗口边界相交的对象都会被选中,也就是说,如果一个对象只要有一部分在窗口内,那么整个对象都包含在选择集之中。

图 5-3 中最外圈圆形有一部分在交叉矩形选择窗口中,它与窗口边界相交,它被选中,选择对象中有最外圈圆形。

4）利用多边形窗口选择对象

在绘图过程中,当命令行提示"选择对象"时,在命令行输入"WP",按【Enter】键,就是使用选择对象的"圈围"方式。圈围方式和矩形窗口方式类似,用户可以通过绘制一个封闭多边形来选择对象,凡是包围在多边形内的对象都将被选中。命令行提示为:

选择对象:WP

第一圈围点:

指定直线的端点或[放弃(U)]:

……

5）利用交叉多边形窗口选择对象

在绘图过程中,当命令行提示"选择对象"时,在命令行输入"CP",按【Enter】键,就是使用选择对象的"圈交"方式。圈交方式和交叉矩形窗口方式类似,用户可以通过绘制一个封闭多边形来选择对象,凡是包围在多边形内以及与多边形相交的对象都将被选中。

6）利用栏选选择对象

在绘图过程中,当命令行提示"选择对象"时,在命令行输入"F",按【Enter】键,就是使用选择对象的"栏选"方式。用户可以连续选择单击以绘制一条折线,此时折线以虚线显示,折线绘制完成后按【Enter】键,此时所有与折线相交的图形对象都将被选中。命令行提示为:

选择对象:F
第一栏选点:
指定直线的端点或[放弃(U)]:
……

7）选择全部对象

在绘图过程中,当命令行提示"选择对象"时,在命令行输入"ALL",按【Enter】键,则用户可以选择图形中的所有对象。

5.1.2　快速选择对象

在 AutoCAD 中还提供了一种根据目标对象的类型和特性来快速选择对象的命令。根据目标对象的类型和特性来建立过滤规则,满足过滤条件的对象可自动被选中。例如用户可以根据颜色来选择对象,设置过滤规则颜色为红色,则所有红色对象被选中。

启用"快速选择"命令有以下方法:

★ 使用光标菜单,在绘图窗口内右击鼠标,并在弹出的光标菜单中选择【快速选择】选项

★ 输入命令:QSELECT

当启用"快速选择"命令后,系统弹出如图 5-4 所示【快速选择】对话框,通过该对话框可以快速选择所需的图形元素。

5.1.3　取消选择

要取消所选的对象,按键盘上的【ESC】键。

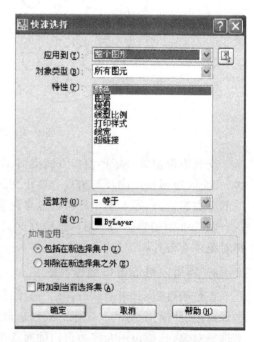

图 5-4　【快速选择】对话框

5.2 删除对象

删除对象用来擦除已绘制的对象。命令输入后提示选择对象,用户可根据前面所讲的方法构造选择集,然后回车,所选中的对象被删除。

启用"删除"命令有以下方法:

★ 选择→【修改】→【删除】菜单命令

★ 直接单击修改工具栏上的"删除"按钮 ✎

★ 输入命令:ERASE   命令简写:E

命令输入后操作过程如下:

命令:_erase

选择对象: //用任何一种选择方式选择对象

选择对象: //按【Enter】键。

5.3 复制对象

该命令用于复制一个或多个已绘制的对象。通过复制命令的使用可以减轻大量的重复劳动。绘制好一个图形后,可以通过复制命令产生其他几个相同的图形。

启用"复制"命令有以下方法:

★ 选择→【修改】→【复制】菜单命令

★ 直接单击修改工具栏上的"复制"按钮 ✿

★ 输入命令:COPY   命令简写:CO

1) 一次复制

(1) 指定基点、目标点的复制

这是在绘图中最常用的方式。这种方式是先选择要复制的对象,选择好对象后回车确认,然后指定一个基准点,接下来再指定复制的目标点。定义好两点后,则原样复制一份选中的对象。基点一般选定图形对象的一个特殊点,如端点、中心点、圆心等。一般基点是用鼠标在屏幕上拾取。

【**例 5-1**】 已知一条直线和圆,在直线 B 端点上复制出圆形,如图 5-5 所示。

图 5-5　复制图例

操作步骤如下：

命令：_copy

选择对象：找到 1 个   //选择圆形

选择对象：   //按【Enter】键

指定基点或位移，或者[重复(M)]：   //设置圆心捕捉，对象捕捉打开，指定 A 点

指定位移的第二点或〈用第一点作位移〉：   //设置端点捕捉，指定 B 点

（2）指定基点、距离的复制

这种方式是选择好对象后指定一个基准点，接下来移动光标，使光标的方向为对象复制的方向，对"指定位移的第二点或〈用第一点作位移〉："的提示输入一个数值，而后回车确认，则复制完成。这时光标的方向是对象复制的方向，输入的数值是光标方向的复制距离。

【例 5-2】 已知两圆形图案，将它们复制到距离圆心为 40，角度如图 5-6 所示的地方。

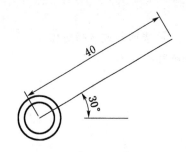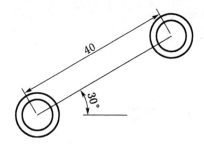

图 5-6 复制图例

操作步骤如下：

命令：_copy

选择对象：指定对角点：找到 2 个   //选择两圆形

选择对象：   //按【Enter】键

指定基点或位移，或者[重复(M)]：   //设置圆心捕捉，对象捕捉打开，指定两圆
                                                             形的圆心

指定位移的第二点或〈用第一点作位移〉：@40＜30

                                                           //输入相对极坐标

2）多重复制

使用"重复"选项可将选中的对象复制多份。选择好对象后，在主提示后键入"M"后回车，即可进行多重复制。复制了一份对象后，提示"指定位移的第二点或〈用第一点作位移〉："重复出现，用户可继续复制，直到回车结束命令。

【例 5-3】 已知左侧图案，将已知圆复制到各端点上，如图 5-7 右侧所示。

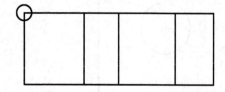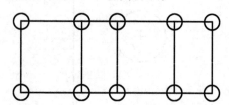

图 5-7 复制图例

操作步骤如下：

命令：_copy

选择对象：找到 1 个

选择对象：

指定基点或位移，或者[重复(M)]：m   //输入 m，重复多个复制

指定基点：指定位移的第二点或〈用第一点作位移〉：

……

5.4 镜像对象

对于对称的图形，可以只绘制一半或是四分之一，然后采用镜像命令产生对称的部分。MIRROR 命令用于绘制出关于某条直线完全对称的图形。

启用"镜像"命令有以下方法：

★ 选择→【修改】→【镜像】菜单命令

★ 直接单击修改工具栏上的"镜像"按钮 ⚞

★ 输入命令：MIRROR   命令简写：MI

【例 5-4】 将图 5-8 所示的左侧图形通过镜像，变成右侧图形。

图 5-8 镜像图例

操作步骤如下：

命令：_mirror

选择对象：指定对角点：找到 3 个   //选择三角形

选择对象：   //按【Enter】键

指定镜像线的第一点：指定镜像线的第二点：//指定镜面，分别点击直线两个端点

是否删除源对象？[是(Y)/否(N)]〈N〉：   //不删除，默认设置，按【Enter】键

【例 5-5】 将图 5-9 所示的左侧图形通过镜像，变成右侧图形。

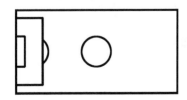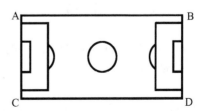

图 5-9 镜像图例

操作步骤如下：

命令：_mirror

选择对象：指定对角点：找到 7 个   //选择需要镜像的对象

选择对象：   //按【Enter】键

指定镜像线的第一点：   //点击 AB 直线的中点

指定镜像线的第二点：   //点击 CD 直线的中点

是否删除源对象？［是(Y)/否(N)］〈N〉：

5.5　偏移对象

使用 OFFSET 命令创建同心圆(弧)、平行线和平行曲线等对象。绘图过程中，单一对象可以将其偏移，从而产生复制的对象。偏移时根据偏移距离会重新计算其大小。偏移对象可以是直线、曲线、圆、封闭图形等。

启用"偏移"命令有以下方法：

★ 选择→【修改】→【偏移】菜单命令

★ 直接单击修改工具栏上的"偏移"按钮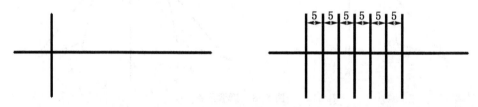

★ 输入命令：OFFSET　　命令简写为 O

(1) 指定偏移距离和偏移方向的等距离偏移

【例 5-6】　将图 5-10 所示的直线向右侧偏移 5 个单位。

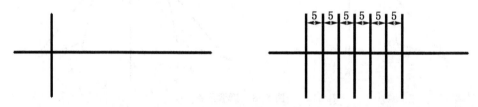

图 5-10　偏移图例

操作步骤如下：

命令：_offset

指定偏移距离或［通过(T)］〈10.0000〉：5   //设定偏移距离

选择要偏移的对象或〈退出〉：   //选择直线

指定点以确定偏移所在一侧：   //点击右侧

选择要偏移的对象或〈退出〉   //选择已偏移右侧的第二条直线

指定点以确定偏移所在一侧：   //点击第二条直线的右侧

……

【例 5-7】　将图 5-11 所示的圆向内侧偏移 5 个单位。

操作步骤如下：

命令：_offset

指定偏移距离或［通过(T)］〈10.0000〉：5   //设定偏移距离

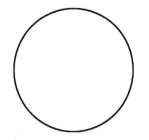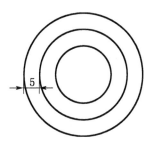

图 5-11　偏移图例

选择要偏移的对象或〈退出〉：　　　　　　 //选择已知圆

指定点以确定偏移所在一侧：　　　　　　 //点击内侧

选择要偏移的对象或〈退出〉　　　　　　 //选择已偏移内侧的第二个圆

指定点以确定偏移所在一侧：　　　　　　 //点击第二个圆的内侧

（2）通过指定点偏移

【例 5-8】　将图 5-12 所示的圆弧 AB 分别通过 C 点及 D 点进行偏移。

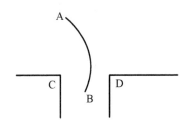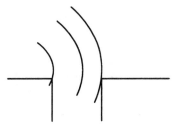

图 5-12　偏移图例

操作步骤如下：

命令：_offset

指定偏移距离或[通过(T)]〈5.0000〉:t　　 //通过选项

选择要偏移的对象或〈退出〉：　　　　　 //选择圆弧 AB

指定通过点：　　　　　　　　　　　　 //对象捕捉 C 点,点击

选择要偏移的对象或〈退出〉：　　　　　 //选择圆弧 AB

指定通过点：　　　　　　　　　　　　 //对象捕捉 D 点,点击

选择要偏移的对象或〈退出〉：

偏移时一次只能偏移一个对象,如果想要偏移多条线段可以将其转为多段线来进行偏移。如图 5-13 所示,左侧的多边形用直线绘制,需要将各直线合并为多段线后,进行偏移可绘制出右侧图形。

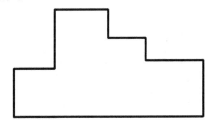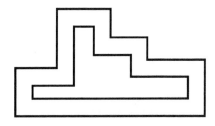

图 5-13　偏移图例

5.6 阵列对象

阵列主要是对于规则分布的图形,通过环形或者是矩形阵列。矩形阵列是指将选中的图形对象沿某一方向等距和沿其垂直方向等距复制多个;环形阵列是指将选中的图形对象绕着指定的阵列中心,在圆周上或圆弧上均匀复制多个。当图形对象按一定的规律来排列,阵列命令比复制命令的"重复"选项用起来更方便、更准确。

启用"阵列"命令有以下方法:

★ 选择→【修改】→【阵列】菜单命令

★ 直接单击修改工具栏上的"阵列"按钮 ▦

★ 输入命令:ARRAY　　命令简写 AR

启用"阵列"命令后,系统将弹出如图 5-14 所示【阵列】对话框。在对话框中,用户可根据自己的需要进行设置。行间距值大于零,向上排列阵列对象;行间距值小于零,向下排列阵列对象。列间距值大于零,向右排列阵列对象;列间距值小于零,向左排列阵列对象。

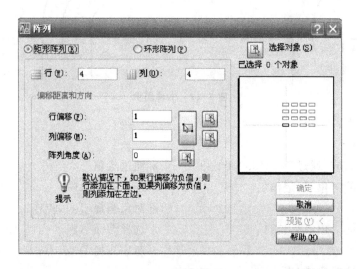

图 5-14 【阵列】对话框

【例 5-9】 将图 5-15 左侧所示,已知左下角的一个多边形,进行阵列后完成右侧图形。

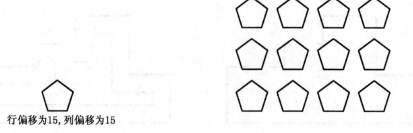

行偏移为15,列偏移为15

图 5-15 阵列图例

操作步骤如下：

命令：_array

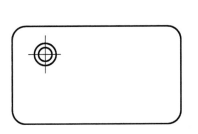

　　　　　　　　　　　　　　　　　　//设置为矩形阵列，3行4列

选择对象：找到1个　　　　　　　　　//选择多边形对象

选择对象：　　　　　　　　　　　　　//按【Enter】键

【例5-10】　将图5-16左侧所示，已知左下角的一个多边形，进行阵列后完成右侧图形。

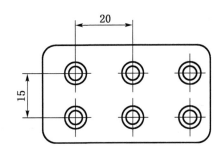

图5-16　阵列图例

操作步骤如下：

命令：_array

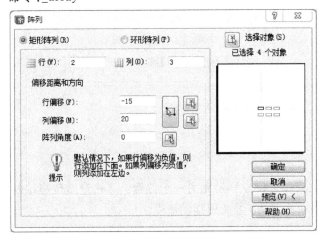

//设置为矩形阵列,2 行 3 列,行偏移为
-15,列偏移为 20
选择对象:找到 4 个   //选择已知左上角图形

选择对象: //按【Enter】键

【例 5-11】 将图 5-17 所示,运用环形阵列完成下列图形。

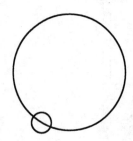 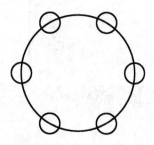

图 5-17   阵列图例

操作步骤如下:

命令:_array

指定阵列中心点: //点击大圆的圆心

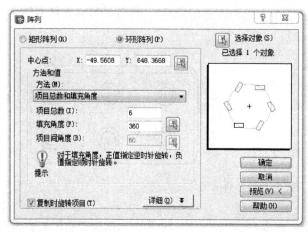

//设置为环形阵列,中心点

拾取,项目总数为 6 个

选择对象:找到 1 个   //选择左图中的小圆

选择对象: //按【Enter】键

5.7 移动对象

    移动命令可以将一组或一个对象从一个位置移动到另一个位置。当用户希望将绘制好的对象原样不变地从一个地方移动到另一个地方,可使用移动命令。

    启用"移动"命令有以下方法:

★ 选择→【修改】→【移动】菜单命令

★ 直接单击修改工具栏上的"移动"按钮 ✛

★ 输入命令：MOVE　　命令简写为 M

移动命令和复制命令非常类似，具体方式也分为指定基点、目标点的移动，以及指定基点、距离的移动等。

【例 5-12】 如图 5-18 所示，将圆移动到直线处，圆心在 B 端点上。

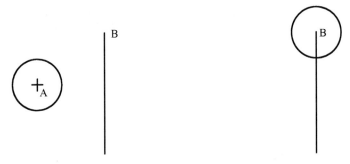

图 5-18　移动图例

操作步骤如下：

命令：_move

选择对象：找到 1 个　　　　　　　　　//选择左图中的圆

选择对象：　　　　　　　　　　　　//按【Enter】键

指定基点或位移：　　　　　　　　　//点击 A 点

指定位移的第二点或〈用第一点作位移〉：　//点击 B 点

移动和复制需要进行的操作基本相同，但结果不同。复制在原位置保留了原对象，而移动在原位置并不保留原对象。绘图过程中，应该充分采用对象捕捉等辅助绘图手段进行精确移动对象。

5.8　旋转对象

旋转命令可以将某一个对象旋转一个指定角度或参照一个对象进行旋转。

启用"旋转"命令有以下方法：

★ 选择→【修改】→【旋转】菜单命令

★ 直接单击修改工具栏上的"旋转"按钮 ⟳

★ 输入命令：ROTATE　　命令简写为 RO

（1）指定旋转角度

指定旋转角度是对主提示输入角度值后回车。旋转角度可从键盘输入，角度为正值，对象按逆时针旋转；角度为负值，对象按顺时针旋转。对旋转角度也可通过移动鼠标输入，随着光标的移动，选中的对象也旋转，待到合适的位置，在屏幕上拾取一点，旋转完成。

【例 5-13】 将图 5-19 所示的左侧图形，通过旋转命令变为右侧图形。

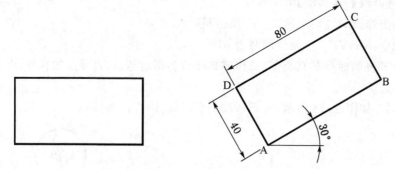

图 5-19　旋转图例

操作步骤如下：

命令：_rotate

UCS 当前的正角方向：ANGDIR＝逆时针　　ANGBASE＝0

选择对象：指定对角点：找到 1 个　　　　　　//选择左图中的矩形

选择对象：　　　　　　　　　　　　　　//按【Enter】键

指定基点：　　　　　　　　　　　　　　//点击左下角点 A 点

指定旋转角度或［参照(R)］：30　　　　　　//逆时针旋转 30°

（2）参照方式旋转对象

对主提示键入 R 回车，这是给定一个参考角度，以此为基础旋转选中的对象。这种方法是以一条直线为参考来旋转对象，当要将被对象旋转到与其他对象对齐，但又不知道旋转角度时，这种方法非常有用。

【例 5-14】　将图 5-20 所示的左侧图形，通过旋转命令变为右侧图形。

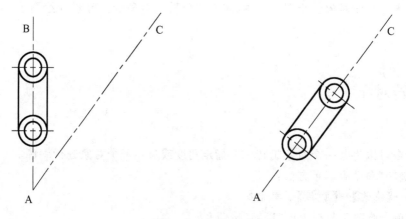

图 5-20　旋转图例

操作步骤如下：

命令：_rotate

UCS 当前的正角方向：ANGDIR＝逆时针　　ANGBASE＝0

选择对象：指定对角点：找到 9 个

选择对象：　　　　　　　　　　　　　　//按【Enter】键

指定基点：	∥点击 A 点,绕着 A 点旋转
指定旋转角度或[参照(R)]:R	∥角度未知,选择参照选项
指定参照角〈0〉：	∥点击 A 点
指定第二点：	∥点击 B 点
指定新角度：	∥点击 C 点

5.9　对齐对象

使用"对齐"命令,可以将对象移动、旋转或是按比例缩放,使之与指定的对象对齐。

启用"对齐"命令：

输入命令：ALIGN　　命令简写 AL

【例 5-15】　将图 5-21(a)所示图形,通过对齐命令变为图 5-21(b)图形。

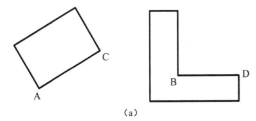

(a)

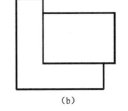

(b)

图 5-21　对齐图例

操作步骤如下：

命令：al

ALIGN

选择对象:指定对角点:找到 1 个	∥选择倾斜的矩形
选择对象：	∥按【Enter】键
指定第一个源点：	∥点击 A 点
指定第一个目标点：	∥A 点与 B 点对齐,点击 B 点
指定第二个源点：	∥点击 C 点
指定第二个目标点：	∥C 点与 D 点对齐,点击 D 点
指定第三个源点或〈继续〉：	∥按【Enter】键
是否基于对齐点缩放对象？[是(Y)/否(N)]〈否〉：	
	∥不按照 BD 边的长度来缩放 AC 边所对应的矩形

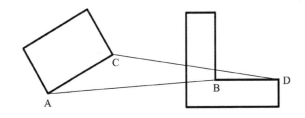

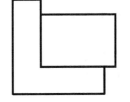

5.10 缩放对象

使用 SCALE 命令可将所选中的对象关于某个基准点沿 X 轴和 Y 轴方向以相同比例放大或缩小,即 X、Y 方向尺寸缩放比例相同,这样缩放后确保不改变原对象的形状。比例缩放是改变图形对象的实际尺寸大小,和视图显示中的 ZOOM 命令缩放有本质区别,ZOOM 命令仅仅改变在屏幕上的显示大小,图形本身尺寸无任何大小变化。如果一个图形已经标注了尺寸,对其使用了比例缩放命令后,其标注的尺寸大小改变。

启用"缩放"命令有以下方法:

★ 选择→【修改】→【缩放】菜单命令

★ 直接单击修改工具栏上的"缩放"按钮

★ 输入命令:SCALE　　命令简写 SC

(1) 键入比例值缩放

比例值小于 1,则是将原对象缩小;比例值大于 1,则是放大原对象。

【例 5-16】 如图 5-22 所示,通过缩放命令,把左侧图形放大一倍。

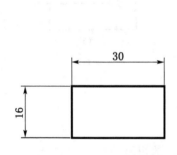
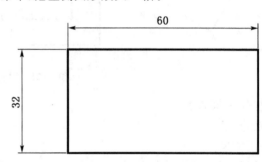

图 5-22　缩放图例

操作步骤如下:

命令:_scale

选择对象:找到 1 个　　　　　　　　　 //选择矩形

选择对象:　　　　　　　　　　　　　 //按【Enter】键

指定基点:

指定比例因子或[参照(R)]:2　　　　　 //放大一倍

(2) 参照

在主提示后键入"R",则是使用参考长度来确定比例因子。

【例 5-17】 如图 5-23 所示,通过缩放命令,把左侧图形放大一倍。

操作步骤如下:

命令:_scale

选择对象:找到 1 个　　　　　　　　　 //选择五边形

选择对象:　　　　　　　　　　　　　 //按【Enter】键

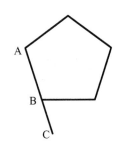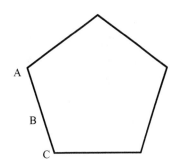

图 5-23　缩放图例

指定基点：　　　　　　　　　　　　　//点击 A 点
指定比例因子或[参照(R)]：r　　　　//选择参照选项
指定参照长度〈1〉：　　　　　　　　//点击 A 点
指定第二点：　　　　　　　　　　　//点击 B 点
指定新长度：　　　　　　　　　　　//点击 C 点

5.11　拉伸对象

拉伸命令是将图形一部分沿任一方向拉长或缩短一定距离,并保持其他图形对象位置关系不变的变换,实际上改变了图形的形状。可进行拉伸的对象有圆弧、椭圆弧、直线、多段线、二维实体、射线和样条曲线等。

该命令主要用于墙体中的窗洞不合适的情况下,可用该命令调整。还可用于门大小、墙的长短等图形的调整。

启用"拉伸"命令有以下方法：

★ 选择→【修改】→【拉伸】菜单命令

★ 直接单击修改工具栏上的"拉伸"按钮

★ 输入命令：STRETCH　　　命令简写 S

【例 5-18】　如图 5-24 所示,将左图通过拉伸命令,绘制成右图。

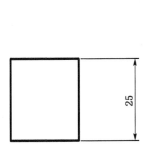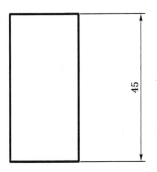

图 5-24　拉伸图例

操作步骤如下：

命令:_stretch

以交叉窗口或交叉多边形选择要拉伸的对象⋯⋯

选择对象:指定对角点:找到 4 个

选择对象:指定基点或位移:　　　　　　　　//捕捉底边的端点

指定位移的第二个点或〈用第一个点作位移〉:20　　　//向上拉伸 20 个单位

【例 5-19】 如图 5-25 所示,将左图通过拉伸命令,绘制成右图。

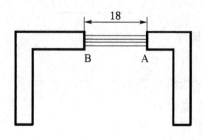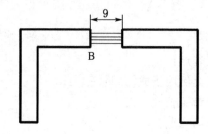

图 5-25　拉伸图例

操作步骤如下:

命令:_stretch

以交叉窗口或交叉多边形选择要拉伸的对象⋯⋯

选择对象:指定对角点:找到 7 个　　　　　　　//用交叉窗口选择,如下图所示

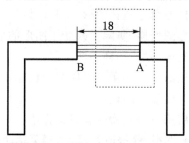

选择对象:　　　　　　　　　　　　　　　　//按【Enter】键

指定基点或位移:　　　　　　　　　　　　//点击 A 点

指定位移的第二个点或〈用第一个点作位移〉:9　//光标方向向左,输入 9 个单位

　　用户运行拉伸命令时图形对象的选择只能使用交叉窗口方式或交叉多边形窗口方式,位于窗口内的对象端点将被移动,而窗口外的对象端点保持不动。

　　使用拉伸命令时,若所选图形对象全部在交叉框内,则移动图形对象,等同于移动命令;若所选图形对象与选择框相交,则框内的图形对象被拉长或缩短。

5.12　修剪对象

　　修剪是指去掉对象的某一部分。修剪操作涉及两类对象:一类是修剪对象,它作为剪切时的切割边界;另一类是被修剪对象,即被修改对象。被修剪的对象可以是直线、圆、弧、多段线、样条曲线等。使用时首先要选择切割边或边界,然后选择要修剪的图形对象。

启用"修剪"命令有以下方法:

★ 选择→【修改】→【修剪】菜单命令

★ 直接单击修改工具栏上的"修剪"按钮 ✂

★ 输入命令:TRIM   命令简写 TR

【例 5-20】 如图 5-26 所示,通过修剪命令,完成图形编辑。

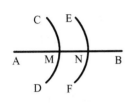
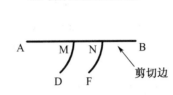
(1)剪掉直线上部的圆弧

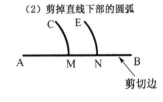
(2)剪掉直线下部的圆弧

图 5-26 修剪图例

操作步骤如下:

命令:_trim

当前设置:投影=UCS,边=延伸

选择剪切边……

选择对象:找到 1 个   //(1)图中选择直线 AB

选择对象: //按【Enter】键

选择要修剪的对象,或按住 Shift 键选择要延伸的对象,或[投影(P)/边(E)/放弃(U)]:

                          //点击弧段 CM

选择要修剪的对象,或按住 Shift 键选择要延伸的对象,或[投影(P)/边(E)/放弃(U)]:

                          //点击弧段 EN

命令:_trim

当前设置:投影=UCS,边=延伸

选择剪切边……

选择对象:指定对角点:找到 1 个   //(2)图中选择直线 AB

选择对象: //按【Enter】键

选择要修剪的对象,或按住 Shift 键选择要延伸的对象,或[投影(P)/边(E)/放弃(U)]:

                          //点击弧段 MD

选择要修剪的对象,或按住 Shift 键选择要延伸的对象,或[投影(P)/边(E)/放弃(U)]:

                          //点击弧段 NF

【例 5-21】 如图 5-27 所示,通过修剪命令,完成图形编辑。

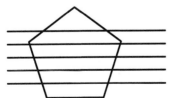
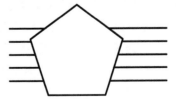

图 5-27 修剪图例

操作步骤如下：

命令：_trim

当前设置：投影＝UCS，边＝延伸

选择剪切边……

选择对象：指定对角点：找到 1 个　　　　　　//选择五边形为剪切边

选择对象：　　　　　　　　　　　　　　　　//按【Enter】键

选择要修剪的对象，或按住 Shift 键选择要延伸的对象，或[投影(P)/边(E)/放弃(U)]：

　　　　　　　　　　　　　　　　　　　　//点击五边形内的直线段

选择要修剪的对象，或按住 Shift 键选择要延伸的对象，或[投影(P)/边(E)/放弃(U)]：

　　　　　　　　　　　　　　　　　　　　//点击五边形内的直线段

……

　　修剪命令是一个非常有用的修改命令，它是以一个或多个对象为边界，把图形中与边界相交的被修剪对象从边界的一侧精确地修剪掉。命令行提示先选择用来修剪对象的剪切边，剪切边可以有多条，回车结束剪切边的选择；再选择被修剪的对象，每选中一个对象，则剪掉对象超出与剪切边相交点的部分。每修剪掉一个被修剪对象，修剪主提示重复，连续选择被修剪的对象，可修剪多个对象，直到对主提示回车结束命令。在命令的使用过程中，一定要清楚哪个对象是剪切边，哪个对象是要被修剪的对象，以及要剪掉剪切边的哪一侧，如图 5-28 所示。

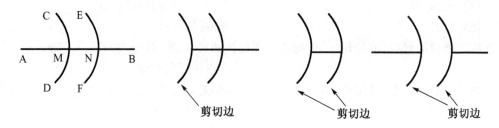

图 5-28　修剪图例

5.13　延伸对象

　　延伸命令用于将某个对象延长与另外的对象相交。该命令可以延伸的对象包括圆弧、椭圆弧、直线等。该命令的操作与修剪命令类似。

启用"延伸"命令有以下方法：

★ 选择→【修改】→【延伸】菜单命令

★ 直接单击修改工具栏上的"延伸"按钮 -/

★ 输入命令：EXTEND　　命令简写 EX

【例5-22】　如图 5-29 所示，通过延伸命令，完成图形编辑。

操作步骤如下：

命令：_extend

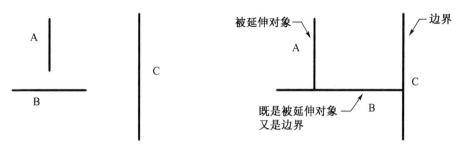

图 5-29   延伸图例

当前设置:投影＝UCS,边＝延伸

选择边界的边……

选择对象:找到 1 个   //选择直线 B 作为延伸边界

选择对象: //按【Enter】键

选择要延伸的对象,或按住 Shift 键选择要修剪的对象,或[投影(P)/边(E)/放弃(U)]:

　　　　　　　　　　　　　　　　　　　　　　//选择直线 A 作为延伸对象

选择要延伸的对象,或按住 Shift 键选择要修剪的对象,或[投影(P)/边(E)/放弃(U)]:

　　　　　　　　　　　　　　　　　　　　　　//按【Enter】键

命令:_extend

当前设置:投影＝UCS,边＝延伸

选择边界的边……

选择对象:找到 1 个   //选择直线 C 作为延伸边界

选择对象: //按【Enter】键

选择要延伸的对象,或按住 Shift 键选择要修剪的对象,或[投影(P)/边(E)/放弃(U)]:

　　　　　　　　　　　　　　　　　　　　　　//选择直线 B 作为延伸对象

选择要延伸的对象,或按住 Shift 键选择要修剪的对象,或[投影(P)/边(E)/放弃(U)]

　　　　　　　　　　　　　　　　　　　　　　//按【Enter】键

5.14   打断对象

　　打断命令可将某一对象一分为二或去掉其中一段减少其长度。AutoCAD 2008 提供了两种用于打断的命令:"打断"和"打断于点"命令。可以进行打断操作的对象包括直线、圆、圆弧、多段线、椭圆、样条曲线等。

　　(1)"打断"命令

　　打断命令可将对象打断,并删除所选对象的一部分,从而将其分为两个部分。

　　启用"打断"命令有以下方法:

★ 选择→【修改】→【打断】菜单命令

★ 直接单击修改工具栏上的"打断"按钮

★ 输入命令:BREAK   命令简写 BR

【例 5-23】 将图 5-30 所示的直线在指定位置 A 点、B 点打断。

图 5-30

操作步骤如下：

命令：_break

选择对象：   //选择直线

指定第二个打断点或[第一点(F)]:f   //输入 f,第一点选项

指定第一个打断点：〈对象捕捉开〉   //对象捕捉中节点捕捉点开

正在恢复执行 BREAK 命令

指定第一个打断点：   //点击 A 点

指定第二个打断点：   //点击 B 点

【例 5-24】 将图 5-31 所示的圆在指定位置 A 点、B 点打断。

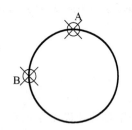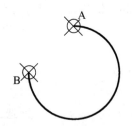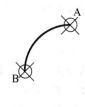

图 5-31　打断图例

操作步骤如下：

命令：_break

选择对象：   //选择圆

指定第二个打断点或[第一点(F)]:f   //输入 f,第一点选项

指定第一个打断点：   //点击 A 点

指定第二个打断点：   //点击 B 点,打断 AB 段小弧线,余下大弧线

命令：_break

选择对象：   //选择圆

指定第二个打断点或[第一点(F)]:f   //输入 f,第一点选项

指定第一个打断点：   //点击 B 点

指定第二个打断点：   //点击 A 点,打断 AB 段大弧线,余下小弧线

将圆或圆弧进行断开操作时,一定要按逆时针方向进行操作,即第二点应相对于第一点的逆时针方向,否则可能会把不该剪掉的部分剪掉。

(2)"打断于点"命令

"打断于点"命令用于打断所选的对象,使之成为两个对象,但不删除其中的部分。

启用"打断于点"命令的方法是直接单击标准工具栏上的"打断于点"按钮 ▯ 。

【例 5-25】 将图 5-32 所示的圆弧在中点打断成两部分。

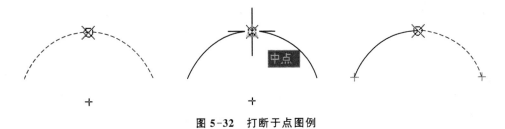

图 5-32   打断于点图例

操作步骤如下：

命令：_break

选择对象：

指定第二个打断点或[第一点(F)]：_f

指定第一个打断点：   //点击中点

指定第二个打断点：@

5.15   倒角

用于将两条非平行直线或多段线作出有斜度的倒角。使用时应先设定倒角距离,然后再指定倒角线段。

启用"倒角"命令有以下方法：

★ 选择→【修改】→【倒角】菜单命令

★ 直接单击修改工具栏上的"倒角"按钮

★ 输入命令：CHAMFER   命令简写 CHA

【例 5-26】 将图 5-33 所示图形进行倒角处理。

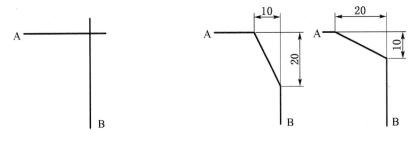

图 5-33   倒角图例

操作步骤如下：

命令：_chamfer

("修剪"模式)当前倒角距离 1=5.0000,距离 2=5.0000

选择第一条直线或[多段线(P)/距离(D)/角度(A)/修剪(T)/方式(M)/多个(U)]：D

指定第一个倒角距离〈5.0000〉：10

指定第二个倒角距离〈10.0000〉：20

选择第一条直线或[多段线(P)/距离(D)/角度(A)/修剪(T)/方式(M)/多个(U)]：
　　　　　　　　　　　　　　　　　//选择直线 A

选择第二条直线：　　　　　　　　//选择直线 B

命令：_chamfer

("修剪"模式)当前倒角距离 1＝10.0000,距离 2＝20.0000

选择第一条直线或[多段线(P)/距离(D)/角度(A)/修剪(T)/方式(M)/多个(U)]：D

指定第一个倒角距离〈10.0000〉：　　//按【Enter】键

指定第二个倒角距离〈20.0000〉：　　//按【Enter】键

选择第一条直线或[多段线(P)/距离(D)/角度(A)/修剪(T)/方式(M)/多个(U)]：
　　　　　　　　　　　　　　　　　//选择直线 B

选择第二条直线：　　　　　　　　//选择直线 A

【例 5-27】　将图 5-34 所示图形进行倒角处理。

图 5-34　倒角图例

操作步骤如下：

命令：_chamfer

("修剪"模式)当前倒角距离 1＝10.0000,距离 2＝20.0000

选择第一条直线或[多段线(P)/距离(D)/角度(A)/修剪(T)/方式(M)/多个(U)]：d

指定第一个倒角距离〈10.0000〉：0　　//设置倒角距离为 0

指定第二个倒角距离〈0.0000〉：　　//按【Enter】键

选择第一条直线或[多段线(P)/距离(D)/角度(A)/修剪(T)/方式(M)/多个(U)]：u
　　　　　　　　　　　　　　　　　//选择多个选项

选择第一条直线或[多段线(P)/距离(D)/角度(A)/修剪(T)/方式(M)/多个(U)]：

选择第二条直线：

选择第一条直线或[多段线(P)/距离(D)/角度(A)/修剪(T)/方式(M)/多个(U)]：

选择第二条直线：

……

若倒角距离设置为 0,则绘制出直角的图形。若修剪选项设置为修剪模式时,则生成倒角,多余的线段被剪切;若设置为不修剪模式时,则线段不会被剪切,如图 5-35 右侧所示。

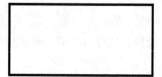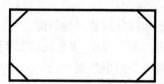

图 5-35　倒角图例

5.16 圆角

通过倒圆角可将两个图形对象之间绘制成光滑的过渡圆弧线。使用该命令首先要设定圆弧半径,然后再选择对象进行圆角。

启用"圆角"命令有以下方法:

★ 选择→【修改】→【圆角】菜单命令

★ 直接单击修改工具栏上的"圆角"按钮

★ 输入命令:FILLET　　　命令简写 F

【例5-28】　将图5-36所示图形进行圆角处理。

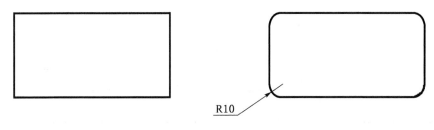

R10

图5-36　圆角图例

操作步骤如下:

命令:_fillet

当前设置:模式=修剪,半径=0.0000

选择第一个对象或[多段线(P)/半径(R)/修剪(T)/多个(U)]:r

指定圆角半径〈0.0000〉:10　　　　　　　　//设置圆角半径

选择第一个对象或[多段线(P)/半径(R)/修剪(T)/多个(U)]:p

　　　　　　　　　　　　　　　　//图中矩形是用多段线绘制

选择二维多段线:

4 条直线已被圆角

5.17 分解

分解命令可以将矩形、正多边形、多段线等分解成多个直线对象。

启用"分解"命令有以下方法:

★ 选择→【修改】→【分解】菜单命令

★ 直接单击修改工具栏上的"分解"按钮

★ 输入命令:EXPLODE　　　命令简写 X

【例 5-29】 将图 5-37 所示图形进行分解。

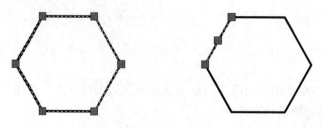

图 5-37　分解图例

操作步骤如下：

命令：_explode

选择对象：找到 1 个

选择对象：

【例 5-30】 将图 5-38 所示图形进行分解。

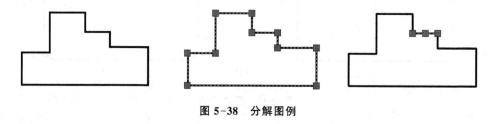

图 5-38　分解图例

操作步骤如下：

命令：_explode

选择对象：找到 1 个

选择对象：

练习题

根据所学习过的编辑命令，将如图 5-39～图 5-45 所示的左侧图形变换成右侧图形。

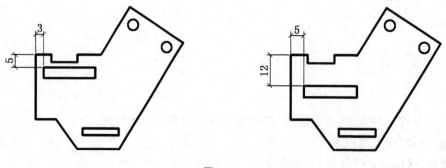

图 5-39

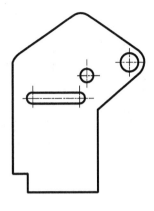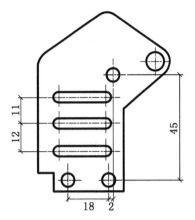

图 5-40

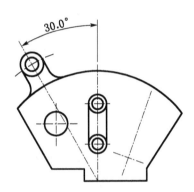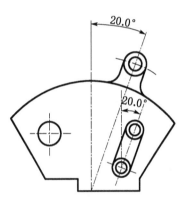

图 5-41

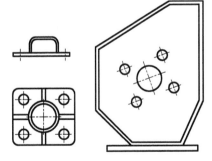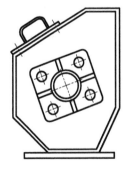

图 5-42

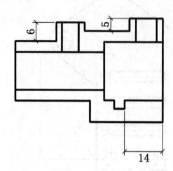
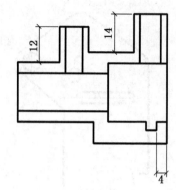

图 5-43

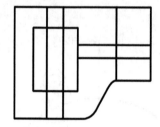
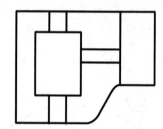

图 5-44

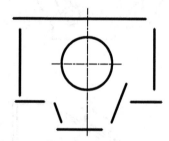
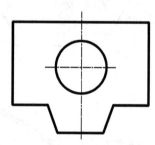

图 5-45

6

图层与对象特性

6.1 图层的概念

6.1.1 基本概念

一幅图中的许多对象(各种线型、符号、文字等),它们性质可能不同。为了方便修改及使用,我们画图时,将不同性质的对象画在不同的透明的纸上,画完后把各张图纸叠在一起,就得到一张完整的图形。

这样分图层绘制图形,可以对图形对象进行分类管理,可以使得对图形的修改及编辑操作更加方便灵活。可以利用图层的特性如不同的颜色、线型和线宽来区分不同的对象,也可以对建筑构件实际意义来分类。例如在建筑平面图中,分为定位轴线、墙体、门、窗、标注尺寸、文字、楼梯间等等,画在不同的图层上。又如,在机械图中,粗实线、细实线、点画线、虚线等不同线型表示了不同的含义,也可以是在不同的层上。

在 AutoCAD 中,每个层可以看成是一张透明的纸,可以在不同的"纸"上绘图。不同的层叠加在一起,形成最后的图形。

AutoCAD 中的各图层有相同的坐标系、绘图界限、显示缩放倍数,各层完全对齐。一个图形最多有 32000 层,完全能满足所有绘图的需要。每个图层上绘制的对象数目没有限制。

6.1.2 图层的特性

每个图层都具有一些基本特性,包括图层名、图层的状态(打开、冻结、锁定)和图层的显现形式(颜色、线型、线宽和打印样式等)。下面将各特性分别介绍。

1) 图层中的图形对象的"随层"

当在绘图时,需要先创建并命名图层。绘制在图层上的新对象的特征(即颜色、线型、线宽等)的默认设置是"随层"(BYLAYER),表明新对象的特性将由图层的特性确定。图层中对象的特性也可以单独设置,单独设置的特征会覆盖对象由图层继承来的特性。

2) 图层中的对象颜色

对于复杂的图形,将不同的线条或不同层的对象用不同的颜色画出来,不仅可以使画面清晰、生动,而且能够通过打印机绘制出彩色的图样。不同的图层可以赋予相同的颜色,但最好使用不同的颜色,这样可以通过颜色区分对象的分层情况。

3）图层的线型

图层的线型是指在图层中绘图时所用的线型,每一层都应有一个相应的线型。不同的图层可以设置为不同的线型,也可以设置为相同的线型。AutoCAD 为用户提供了线型库,可以从中选择线型。例如在建筑施工图绘制中,定位轴线选择用单点长划线线型。

当绘制一幅大图时,有时选好线型后绘制出来的线效果不理想,看不到画线和点之间的间隙,可以通过改变线型比例的方法使得线条正常显示出来。

4）图层的线宽

使用线宽特性,可以创建宽度不一样的线,分别用于不同的地方。例如建筑平面图中的墙体用粗实线表示。

在工程图样中,粗实线一般为 0.3 mm,细实线一般为 0.13～0.25 mm,用户可以根据图纸的大小来确定。通常在 A4 图纸中,粗实线可以设置为 0.3 mm,细实线可以设置为 0.13 mm。在 A0 图纸中,粗实线可设置为 0.6 mm,细实线可设置为 0.25 mm。

5）图层的打印样式

图层特性管理器中可以对图层打印特性进行控制,即可以控制图形输出时的外观。例如建筑平面图中绘制的定位轴线层设置为不打印输出,它是辅助绘制墙体的辅助线,打印时不需要该层输出。

6）当前层和初始层

在绘图和修改图形时,屏幕上总有一个当前层,即在"图层"工具栏上显示的图层。AutoCAD 有且仅有一个当前层,新绘制的任何对象均在当前层中。当前层的概念就好比是一叠透明图纸中最上面的一张。

如果当前层改变,再绘制的对象就画在了新当前层上。而要修改图形对象(移动、复制、修剪、打断、阵列等),不管对象是否在当前层,总可以进行。

在 AutoCAD 软件启动时,进入图形状态,系统自动生成"0"层,该层就是初始层。0 层不可更改名字,也不能被删除。初始层也可以作为当前层绘制图形,但对于复杂图形而言,0 层上的对象性质不够灵活,一般实际绘图时不在 0 层上画对象。

6.2　图层特性管理器

对图层的管理、设置工作大部分是在【图层特性管理器】对话框中完成的,如图 6-1 所示。该对话框可以显示图层的列表及其特性设置,也可以添加、删除重命名图层,修改图层特性或添加说明。图层过滤器用于控制在列表中显示哪些图层,还可以对多个图层进行修改。

打开【图层特性管理器】对话框有三种方法,可按下述方法之一操作:

★ 选择→【菜单】→【格式】→【图层】菜单命令

★ 单击"对象特性"工具栏中的"图层特性管理器"按钮 🔖

★ 输入命令：LAYER

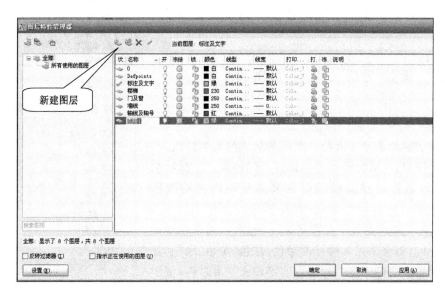

图 6-1　图层特性管理器

6.2.1　创建图层

用户在使用"图层"功能时，首先要创建图层，然后再进行应用。在同一工程图样中，用户可以建立多个图层。创建"图层"的步骤如下：

（1）单击"对象特性"工具栏中的"图层特性管理器"按钮 🔖，打开【图层特性管理器】对话框。

（2）单击图 6-1 所示【图层特性管理器】对话框中"新建图层"按钮 🔖。

（3）系统将在新建图层列表中添加新图层，其默认名称为"图层 1"，并且高亮显示，如图 6-1 所示，此时直接在名称栏中输入"图层"的名称，按【Enter】键，即可确定新图层的名称。

（4）使用相同的方法可以建立更多的图层。最后单击"确定"按钮，退出【图层特性管理器】对话框。

6.2.2　删除图层

要删除没有使用过的图层，先从列表框中选择一个或多个图层，然后用鼠标单击"删除" ✗ 按钮即可。系统默认的图层"0"、包含图形对象的层、当前图层以及使用外部参照的图层是不能被删除的。

在图层列表框中单击鼠标右键，弹出快捷菜单，如图 6-2 所示。

其中"全部选择"是将选择全部列出的图层。

"全部清除"将解除所有选到的图层。

"除当前外全部选择"将选择除了当前图层以外的所有图层。

"反转选择"是指选中的图层不再选中,不选中的图层被选中。

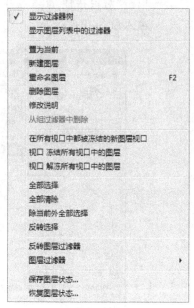

6.2.3 设置"图层"的颜色、线型和线宽

1)设置"图层"颜色

设置图层的颜色非常重要。图层的默认颜色为白色,为了区别每个图层,应该为每个图层设置不同的颜色。在绘制图形时,可以通过设置图层的颜色来区分不同类的图形对象。

AutoCAD 2008 系统中提供了 256 种颜色,通常在设置图层的颜色时,都会采用 7 种标准颜色:红色、黄色、绿色、青色、蓝色、紫色和白色。这 7 种颜色区别较大又有名称,便于识别和调用。设置图层颜色的操作步骤如下:

图 6-2 图层列表框快捷菜单

(1)打开【图层特性管理器】对话框,单击列表中需要改变颜色的图层上"颜色"栏的图标 ,弹出【选择颜色】对话框,如图 6-3 所示。

图 6-3 【选择颜色】对话框

(2)从颜色列表中选择合适的颜色,此时"颜色"选项的文本框将显示颜色的名称,如图 6-3 所示。

(3)单击确定按钮,返回【图层特性管理器】对话框,在图层列表中会显示新设置的颜色,可以使用相同的方法设置其他图层的颜色。单击确定按钮,所有在这个"图层"上绘制的图形都会以设置的颜色来显示。

2）设置"图层线型"

"图层线型"用来表示图层中图形线条的特性，通过设置图层的线型可以区分不同对象所代表的含义和作用，默认的线型方式为"Continuous"。

如果改变图层的线型，可单击位于"线型"列下对应于所选图层名的"线型名"图标。AutoCAD 将显示【选择线型】对话框，如图 6-4 所示。通过此对话框，可改变所选图层的线型。从列表框中选择恰当的线型，然后单击"确定"按钮，则所选线型就分配给选定的图层。

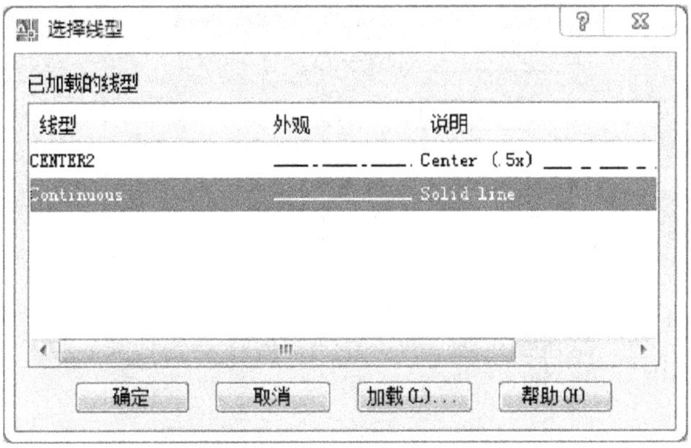

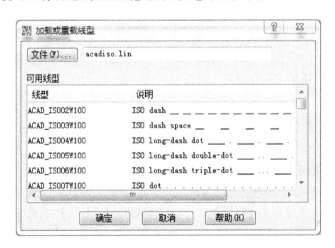

图 6-4 【选择线型】对话框

AutoCAD 在【选择线型】对话框中仅列出已加载进当前图形中的线型。如要在当前图形中加载另外的线型，可单击该对话框中的"加载..."按钮，AutoCAD 将显示【加载或重载线型】对话框，如图 6-5 所示。

对话框中列出的是 AutoCAD 的线型文件 acadiso.lin 中所有的线型。选择其中的线型，单击"确定"按钮，就可以将所选线型加到【选择线型】对话框中。

图 6-5 【加载或重载线型】对话框

3）设置"图层线宽"

"图层线宽"设置会应用到此图层的所有图形对象，并且用户可以在绘图窗口中选择显示或不显示线宽。设置"图层线宽"可以直接用于打印图纸。

（1）设置"图层线宽"。打开【图层特性管理器】对话框,在列表中单击"线宽"栏的图标 确定 ,弹出【线宽】对话框,在线宽列表中选择需要的线宽,如图 6-6 所示。单击"确定"按钮,返回【图层管理器】对话框。图层列表将显示新设置的线宽,单击"确定"按钮,确认图层设置。

图 6-6 【线宽】对话框

（2）显示图层的线宽。单击状态栏中的线宽按钮 线宽 ,可以切换屏幕中线宽显示。当按钮处于凸起状态时,则不显示线宽;当按钮处于凹下状态时,则显示线宽。

6.2.4 控制图层显示状态

绘制图形时创建有很多图层,用户可通过控制图层状态,使编辑、绘制、观察等工作变得更方便一些。图层状态主要包括打开与关闭、冻结与解冻、锁定与解锁、打印与不打印等,Auto-CAD 采用不同形式的图标来表示这些状态。

1）打开/关闭

处于打开状态的图层是可见的,而处于关闭状态的图层是不可见的,也不能被编辑或打印。当图形重新生成时,被关闭的图层将一起被生成。如果用户关闭当前层,AutoCAD 会弹出警告对话框,提示关闭了当前正在工作的图层。

打开或关闭图层有以下两种方法:

（1）利用【图层特性管理器】对话框。单击"对象特征"工具栏中的"图层特性管理器"按钮 ,打开【图层特性管理器】对话框,在该对话框中的"图层"列表中单击图层中的灯泡图标 或 ,即可切换图层的打开/关闭状态。图标"灯泡"变暗图层关闭,"灯泡"变亮图层打开。

（2）利用图层工具栏打开/关闭图层。单击"图层"工具栏中的图层列表,当列表中弹出图层信息时,单击灯泡图标 或 ,就可以实现图层的打开/关闭,如图 6-7 所示。

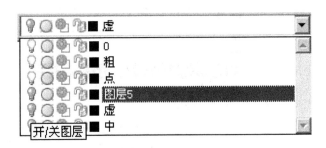

图 6-7　打开/关闭状态

2）冻结/解冻

处于冻结状态的图层上的图形对象将不能被显示、打印或重生成。

冻结图层可以减少复杂图形重新生成时的显示时间，并且可以加快一些绘图、缩放、编辑等命令的执行速度。例如将图形中一层冻结，作删除全部图形的命令操作，观察将这一层解冻后的现象，发现冻结层上的图形没有被删除，表明在重生成时不会被考虑。

冻结或解冻图层，有以下两种方法：

（1）利用【图层特性管理器】对话框。单击"对象特征"工具栏中的"图层特性管理器"按钮，打开【图层特性管理器】对话框，在该对话框中的"图层"列表中单击图标〇或❄，即可切换图层的冻结/解冻状态。图标成为"暗雪花"则图层冻结，图标成为"太阳"则图层解冻。但是当前图层是不能被冻结的。

（2）利用"图层"工具栏。单击"图层"工具栏中的图层列表，当列表中弹出图层信息时，单击图标〇或❄即可，如图 6-8 所示。

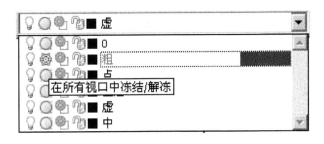

图 6-8　冻结/解冻状态

3）锁定/解锁

通过锁定图层，使图层中的对象不能被编辑和选择。但被锁定的图层是可见和可打印的，还可在此图层上绘制新的图形对象。解锁图层是将图层恢复为可编辑和选择的状态。

锁定/解锁图层有以下两种方法：

（1）利用【图层特性管理器】对话框。单击"对象特征"工具栏中的"图层特性管理器"按钮，打开【图层特性管理器】对话框，在该对话框中的"图层"列表中，单击图标或，即可切换图层的锁定/解锁状态。图标"锁"锁上形状则图层被锁定，图标"锁"打开形状则图层解锁。

（2）利用"图层"工具栏。单击"图层"工具栏中的图层列表，当列表中弹出图层信息时，单击图标或即可，如图 6-9 所示。

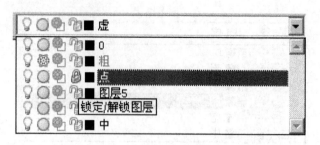

图 6-9 锁定/解锁状态

4）打印/不打印

当指定某层不打印后,该图层上的对象仍是可见的。图层的不打印设置只对图形中可见的图层(即图层是打开的并且是解冻的)有效。若图层设为可打印但该层是冻结的或关闭的,此时 AutoCAD 将不打印该图层。

打印/不打印图层的方法是利用【图层特性管理器】对话框。单击"对象特征"工具栏中的"图层特性管理器"按钮 ,打开【图层特性管理器】对话框,在该对话框中的"图层"列表中,单击图标 或 ,即可切换图层的打印/不打印状态,如图 6-10 所示。

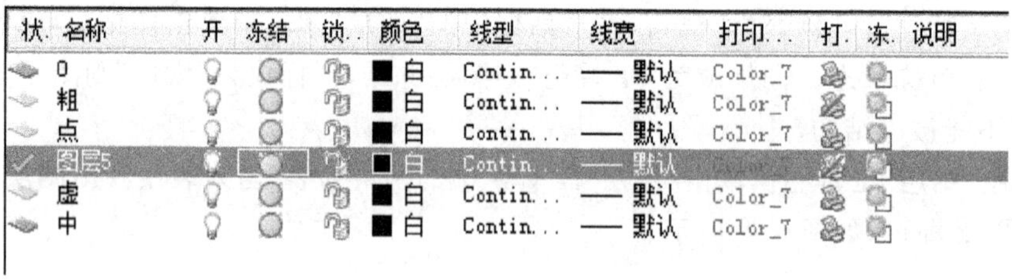

状.	名称	开	冻结	锁.	颜色	线型	线宽	打印...	打.	冻.	说明
	0				■ 白	Contin...	—— 默认	Color_7			
	粗				■ 白	Contin...	—— 默认	Color_7			
	点				■ 白	Contin...	—— 默认	Color_7			
✓	图层5				■ 白	Contin...	—— 默认				
	虚				■ 白	Contin...	—— 默认	Color_7			
	中				■ 白	Contin...	—— 默认	Color_7			

图 6-10 打印/不打印状态

6.3 图层工具栏

图层工具栏如图 6-11 所示。通过图层工具栏可以方便、快捷地创建新图层,控制图层状态,实现图层的转换等。

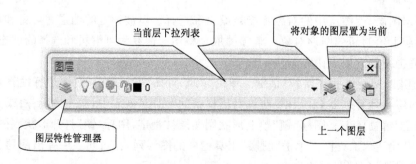

图 6-11 图层工具栏

6.3.1 设置当前图层

当需要在某个图层上绘制图形时,必须先使该图层成为当前层。系统默认的当前层为"0"图层。

1)设置现有图层为当前图层

(1)利用图层工具栏。在绘图窗口中不选择任何图形对象,在图层工具栏的下拉列表中直接选择要设置为当前图层的图层即可,如图 6-12 所示,把"点"层设为当前图层。

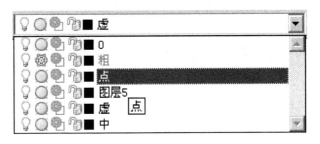

图 6-12　设置当前图层

(2)利用【图层特性管理器】对话框。打开【图层特性管理器】对话框,在图层列表中单击选择要设置为当前图层的图层,然后双击状态栏中的图标,或单击"置为当前"按钮 ✓ ,使状态栏的图标变为当前图层图标,如图 6-13 所示。单击 ✓ 按钮,退出对话框,在图层工具栏下拉列表中会显示当前图层的设置。

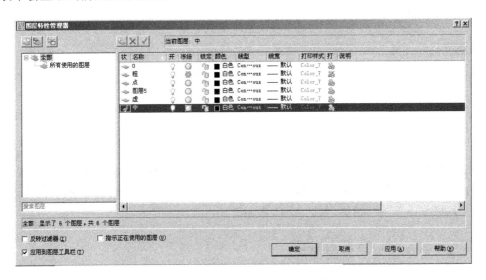

图 6-13　利用"图层特性管理器"设置当前图层

2)设置对象图层为当前图层

在绘图窗口中,选择已经设置图层的对象,然后在"图层"工具栏中单击"将对象的图层置为当前"按钮 ,则该对象所在图层即可成为当前图层。

6.3.2 返回上一个图层

在"图层"工具栏中，单击"上一个图层"按钮 ![icon]，系统会按照设置的顺序，自动重置上一次设置为当前的图层。

6.3.3 在图层上绘制图形对象

创建好图层后，设置当前图层，在绘图区绘制图形对象。例如在图层 5 上绘制出一个矩形，如图 6-14 所示。

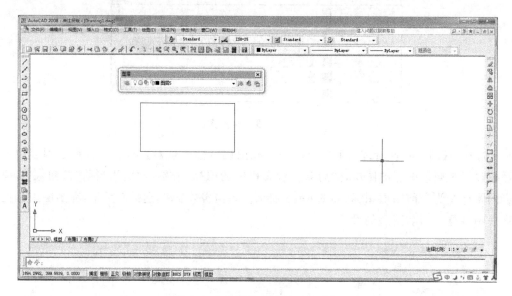

图 6-14 在图层上绘制图形对象

6.3.4 修改图形对象的图层

在绘制图形的过程中，有些图形所在图层不准确，可以进行修改，让图形放在需要的图层里。例如将上面"图层 5"上的矩形修改到名称为"中"的图层里。选择需要修改的矩形对象，在图层工具栏上选择"中"图层，如图 6-15 所示。

6.3.5 显示图形对象的图层

复杂的图样中包括非常多的图形对象，要了解某个对象在哪一个图层上，对整个图形的编辑修改有帮助。选择所要了解的对象，观察图层工具栏中显示的图层，即为该对象所在的图层名。

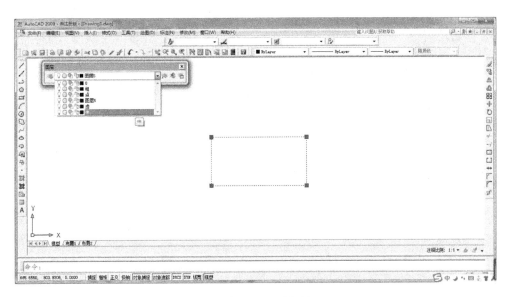

图 6-15　修改图形对象的图层

6.4　对象特性工具栏

"对象特性"工具栏的主要功能是显示、查看或改变对象的特性(颜色、线型、线宽、打印样式控制)。"对象特性"工具栏有四个下拉列表,灵活运用对绘图很有帮助。

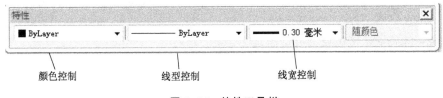

颜色控制　　　　　　　线型控制　　　　　　线宽控制

图 6-16　特性工具栏

6.4.1　对象特性工具栏中设置的特性

工具栏中颜色、线型、线宽这些对象特性在前面的图层管理器中介绍过。当在绘图时,需要先创建并命名图层。绘制在图层上的新对象的特征(即颜色、线型、线宽等)的默认设置是"随层"(BYLAYER),表明新对象的特性将由图层的特性确定。图层中对象的特性也可以单独设置,单独设置的特征会覆盖对象由图层继承来的特性。

例如将修改到名称为"中"层上的矩形设置为红色,而该图层的颜色仍然是黑色,即该图层的其他对象仍然是黑色的。操作方法为选择上矩形图形,在对象特性工具栏中修改颜色,颜色为红色,如图 6-17 所示。

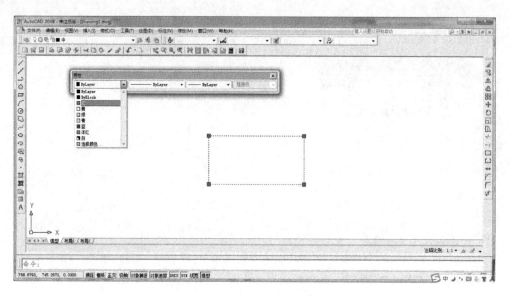

图 6-17　修改单个对象的颜色

6.4.2　设置非连续线型的外观

在对象特性工具栏中还可以设置非连续线型的外观。非连续线是由短横线、空格等重复构成的,如前面遇到的点画线、虚线等。这种非连续线的外观,如短横线的长短、空格的大小等,是可以由其线型的比例因子来控制的。当用户绘制的点画线、虚线等非连续线看上去与连续线一样时,即可调节其线型的比例因子。

改变全局线型的比例因子,AutoCAD 将重生成图形,它将影响图形文件中所有非连续线型的外观。

改变全局线型的比例因子有以下两种方法:

1) 利用菜单命令

利用菜单命令改变全局线型的比例因子的具体步骤如下:

(1) 选择→【格式】→【线型】菜单命令,弹出【线型管理器】对话框。

(2) 在【线型管理器】对话框中,单击"显示/隐藏细节"按钮,在对话框的底部会出现"详细信息"选项组,如图 6-18 所示。

(3) 在"全局比例因子"数值框内输入新的比例因子,单击 确定 按钮即可。

2) 使用对象特性工具栏

使用"对象特性"工具栏改变全局线型的比例因子的方法如下:

(1) 在"对象特性"工具栏中,单击线型控制列表框右侧的 ▼ 按钮,并在其下拉列表中选择"其他"选项,如图 6-18 所示,弹出【线型管理器】对话框,如图 6-19 所示。

(2) 在【线型管理器】对话框中,单击"显示/隐藏细节"按钮,在对话框的底部会出现"详细信息"选项组,在"全局比例因子"数值框内输入新的比例因子,单击 确定 按钮即可。

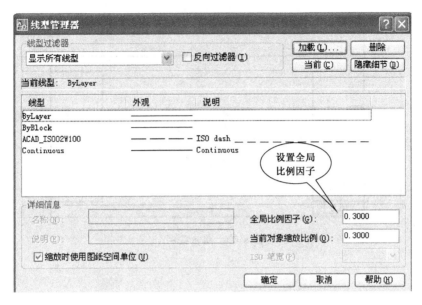

图 6-18 设置非连续线型的全局比例因子外观

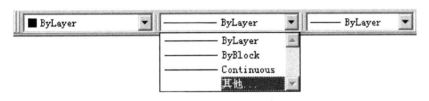

图 6-19 线型特性管理器

练习题

首先创建图层,如图 6-20 所示,分图层绘制下面的图形。

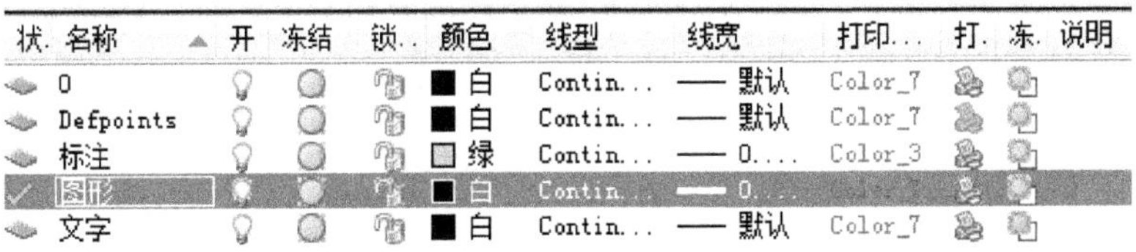

状.	名称	▲	开	冻结	锁.	颜色	线型	线宽	打印...	打.	冻.	说明
⟡	0		♀	○	↖	■ 白	Contin...	—— 默认	Color_7	😄	▣	
⟡	Defpoints		♀	○	↖	■ 白	Contin...	—— 默认	Color_7	😄	▣	
⟡	标注		♀	○	↖	□ 绿	Contin...	—— 0....	Color_3	😄	▣	
✓	图形		♀	○	↖	■ 白	Contin...	━━ 0....	默认	😄	▣	
⟡	文字		♀	○	↖	■ 白	Contin...	—— 默认	Color_7	😄	▣	

图 6-20 图层的创建

创建标注层、图形层、文字层进行绘制。其中标注层颜色设置为绿色,线型是 continuous,线宽为 0.13 mm。文字层颜色设置为白色,线型是 continuous,线宽为 0.13 mm。图形层颜色设置为白色,线型是 continuous,线宽为 0.30 mm。将图形层作为当前图层,进行绘制。尺寸标注在标注层中。如图 6-21 所示。

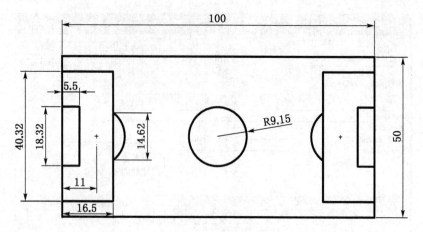

图 6-21   综合实例

7 AutoCAD 2008 高级绘图与编辑

在 CAD 绘图过程中,经常会有一些特殊的图形需要进行图案填充,针对这些图形,使用填充命令能够快速得到所需图形。多线可以绘制多条平行线组成的线型,可以更快速地绘制好平行线图形,例如绘制工程图样中的墙体。将经常出现的多个图形对象定义为块,形成一个整体进行编辑,例如绘制图纸中的标高符号。本章介绍一些高级的绘图技巧,阐述如何填充图案、多线的绘制与编辑、块的定义等内容。

7.1 图案填充

使用不同的线或形状组成的图案表示各种材料,代表材料图例,这在显示对象的剖面图中比较常见。例如以点和三角形图案填充表示混凝土材料,以斜线表示普通砖等。

图案填充的过程包括选择填充图案、确定填充边界、定义填充方式三个步骤。

启用"图案填充"命令有以下方法:

★【绘图】菜单栏→【图案填充】菜单命令

★ 单击绘图工具栏上的"图案填充"按钮

★ 输入命令:BHATCH　　命令简写 BH

启用"图案填充"命令后,系统将弹出如图 7-1 所示【图案填充和渐变色】对话框。

图 7-1 【图案填充和渐变色】对话框

7.1.1　确定填充边界

(1)【添加:拾取点】按钮:通过拾取点方式来自动产生一围绕该拾取点的边界。
该方式要求这些对象必须构成一个闭合区域。单击该按钮,系统将暂时关闭【图案填充和渐变色】对话框,此时就可以在闭合区域内单击,系统自动以虚线形式显示用户选中的边界,如图7-2所示。

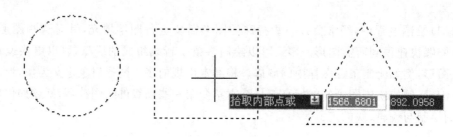

图 7-2　添加拾取点

确定完图案填充边界后,下一步就是在绘图区域内单击鼠标右键以显示光标菜单,如图7-3所示,利用此选项用户可以单击"预览"选项来预览图案填充的效果,如图7-4所示。

图 7-3　光标菜单

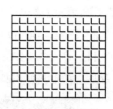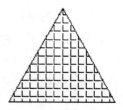

图 7-4　填充效果

具体操作步骤如下:

命令:_bhatch　　　　　　　　　//选择图案填充命令,在弹出的图案填充
　　　　　　　　　　　　　　　　　与渐变色对话框中单击拾取点按钮

拾取内部点或[选择对象(S)/删除边界(B)]:正在选择所有对象……
　　　　　　　　　　　　　　　　　//在图形内部单击

正在选择所有可见对象……

正在分析所选数据……

正在分析内部孤岛……　　　　　　//边界变为虚线,单击右键,弹出光标菜单,选
　　　　　　　　　　　　　　　　　择"预览"选项,如图7-3所示

拾取内部点或[选择对象(S)/删除边界(B)]:

〈预览填充图案〉

拾取或按 Esc 键返回到对话框或〈单击右键接受图案填充〉:

//单击右键,填充效果如图 7-4 所示

(2)【添加:选择对象】按钮 :通过选择对象的方式来产生填充边界。

用于选择图案填充的边界对象,该方式需要用户逐一选择图案填充的边界对象,选中的边界对象将变为虚线,如图 7-5 所示,系统不会自动检测内部对象,如图 7-6 所示。

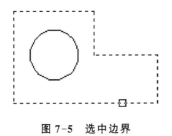

| 图 7-5 选中边界 | 图 7-6 填充效果 |

具体操作步骤如下:

命令:_bhatch   //选择图案填充命令 ,在弹出的图案填充

与渐变色对话框中单击选择对象 按钮

选择对象或[拾取内部点(K)/删除边界(B)]:找到 1 个   //依次单击各个边

选择对象或[拾取内部点(K)/删除边界(B)]:找到 1 个,总计 2 个

选择对象或[拾取内部点(K)/删除边界(B)]:找到 1 个,总计 3 个

选择对象或[拾取内部点(K)/删除边界(B)]:找到 1 个,总计 4 个

选择对象或[拾取内部点(K)/删除边界(B)]:找到 1 个,总计 7 个

选择对象或[拾取内部点(K)/删除边界(B)]:找到 1 个,总计 6 个

选择对象: //单击右键

7.1.2 选择填充图案

在"图案填充"选项卡中,"类型和图案"选项组可以选择图案填充的样式。"图案"下拉列表用于选择图案的样式,如图 7-7 所示,所选择的样式将在其下的"样例"显示框中显示出来,用户需要时可以通过滚动条来选取自己所需要的样式。

单击"图案"下拉列表框右侧的按钮 或单击"样例"显示框,弹出【填充图案选项板】对话框,如图 7-8 所示,列出了所有预定义图案的预览图像。

在【填充图案选项板】对话框中,各个选项的意义如下:

◎【ANSI】选项:用于显示系统附带的所有 ANSI 标准图案,如图 7-8 所示。

◎【ISO】选项:用于显示系统附带的所有 ISO 标准图案,如图 7-9 所示。

◎【其他预定义】选项:用于显示所有其他样式的图案,如图 7-10 所示。

◎【自定义】选项:用于显示所有已添加的自定义图案。

操作步骤如下:

命令:_bhatch

图 7-7 选择图案样式

图 7-8 【填充图案选项板】对话框

图 7-9 ISO 选项

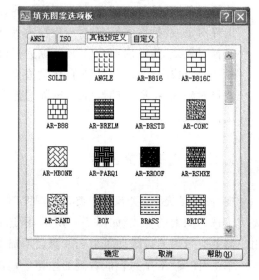

图 7-10 其他预定义

【例 7-1】 将图 7-11 所示的矩形填充钢筋混凝土图例。

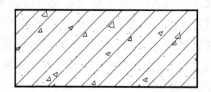

图 7-11 填充图例

选择内部点:正在选择所有对象……   //选预定义类型中图案 AR-CONC 样例进行填充,用拾取点方式,在矩形内部点击。比例调整成合适的大小,比例填写 0.2

正在选择所有可见对象……
正在分析所选数据……
正在分析内部孤岛……
选择内部点:
命令:_bhatch
选择内部点:正在选择所有对象……   //选预定义类型中图案 ANSI31 样例进行填充,用拾取点方式,在矩形内部点击进行二次填充。比例调整成合适的大小,比例填写 3

正在选择所有可见对象……
正在分析所选数据……
正在分析内部孤岛……
选择内部点:

7.1.3   定义填充方式

在【图案填充与渐变色】对话框中,单击"更多"选项按钮 ⊙,展开其他选项,可以控制"孤岛"的样式,此时对话框如图 7-12 所示。

图 7-12   【孤岛样式】对话框

【普通】选项:从外部边界向内填充。如果系统遇到一个内部孤岛,它将停止进行图案填充,直到遇到该孤岛的另一个孤岛。

【外部】选项:从外部边界向内填充。如果系统遇到内部孤岛,它将停止进行图案填充。此选项只对结构的最外层进行图案填充,而图案内部保留空白。

【忽略】选项:忽略所有内部对象,填充图案时将通过这些对象。

  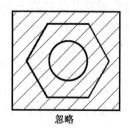

普通　　　　　　　　　　外部　　　　　　　　　　忽略

图 7-13　孤岛检测样式

7.1.4　选择图案的角度与比例

在"图案填充"选项卡中,"角度和比例"可以定义图案填充角度和比例。"角度"下拉列表框用于选择预定义填充图案的角度,用户也可在该列表框中输入其他角度值,如图 7-14 所示 ANSI31 样式有角度的填充。

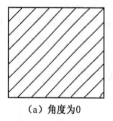  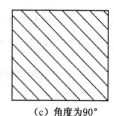

(a) 角度为0　　　　　　　(b) 角度为45°　　　　　　(c) 角度为90°

图 7-14　填充角度

在"图案填充"选项卡中,比例下拉列表框用于指定放大或缩小预定义或自定义图案,用户也可在该列表框中输入其他缩放比例值,如图 7-15 所示比例值越小则越密集。

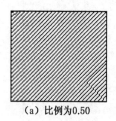 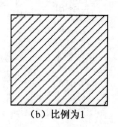 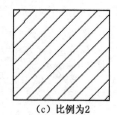

(a) 比例为0.50　　　　　　(b) 比例为1　　　　　　(c) 比例为2

图 7-15　填充比例

7.1.5　渐变色填充

在"图案填充"选项卡中,选择"渐变色"填充选项卡,可以填充图案为渐变色。

【例 7-2】 将图 7-16 所示的圆形进行渐变色填充。

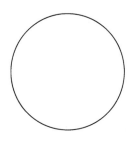

图 7-16 渐变色填充

操作步骤如下：

命令：_bhatch

选择内部点：正在选择所有对象……   //选择渐变色样式

正在选择所有可见对象……

正在分析所选数据……

正在分析内部孤岛……

选择内部点：

7.2 多线的绘制与编辑

多线是一种由多条平行线组成的线型。每条线之间可以有各自的颜色或线型。在土木工程绘图中，常用多线绘制墙体、路等。

7.2.1 多线的绘制

启用绘制"多线"命令有以下方法：

★ 输入命令：MLINE   命令简写 ML

启动命令后，出现如下提示：

命令：_mline

当前设置：对正＝上，比例＝20.00，样式＝STANDARD

指定起点或[对正(J)/比例(S)/样式(ST)]：

(1) 对正(J)：设置基准对正位置。键入"J"选项后，出现提示：

输入对正类型[上(T)/无(Z)/下(B)]〈上〉：

上(T)：以多线的外侧线为基准绘制多线。如图 7-17(a)所示。

无(Z)：以多线的中心线为基准绘制多线。如图 7-17(b)所示。

下(B)：以多线的内侧线为基准绘制多线。如图 7-17(c)所示。

绘图中一般选择无(Z)选项。

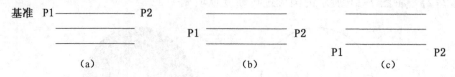

图 7-17　多线的对正样式

（2）比例（S）：设定多线的比例，比例值可以确定多线各直线元素间的距离。在多线样式中设置的各直线元素的偏移量乘以比例是多线的各直线元素间的距离。如元素间的偏移量为 0.5，当比例为 10 时，则直线元素间的距离是 5。

（3）样式（ST）：设置采用的多线样式名称，缺省为 standard。

7.2.2　多线样式设置

启用"多线样式"命令有以下方法：

★【格式】菜单栏→【多线样式】菜单命令

★ 输入命令：MLSTYLE

启用"多线样式"命令后，系统将显示弹出如图 7-18 所示【多线样式】对话框，通过该对话框可以设置多线样式。设置多线样式，"多线样式"决定多线中线条的数量、线条的颜色和线型、直线间的距离等，还能确定多线封口的形式。

下面详细介绍【多线样式】对话框中的各个选项与按钮的功能。

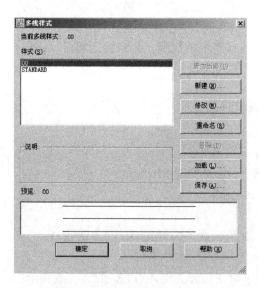

图 7-18　【多线样式】对话框

【多线样式】对话框中各选项含义如下：

（1）加载：可以从多线线型库中调出多线。

（2）保存：可以保存自己设定的多线。点击后弹出【保存多线样式】对话框，可以另起线型库名。

(3) 重命名:更改多线名称。

(4) 新建:建立多线样式。

(5) 修改:可以修改线条的颜色、线型,以及用不同的形状来控制封口等。

【例7-3】　绘制如图7-19所示的多线。

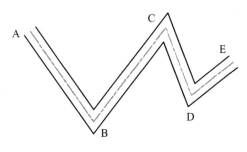

图7-19　绘制多线

操作步骤如下:

命令:_mline　　　　　　　　　　　//启用绘制"多线"命令

当前设置:对正=无,比例=20.00,样式=STANDARD1

　　　　　　　　　　　　　　　　//设置多线样式,中间添加点画线,设置偏移
　　　　　　　　　　　　　　　　　量,绘制出的距离是偏移量与比例的乘积

指定起点或[对正(J)/比例(S)/样式(ST)]://单击 A 点位置

指定下一点:　　　　　　　　　　　//单击 B 点位置

指定下一点或[放弃(U)]:　　　　　　//单击 C 点位置

指定下一点或[闭合(C)/放弃(U)]:　　//单击 D 点位置

指定下一点或[闭合(C)/放弃(U)]:　　//单击 E 点位置

指定下一点或[闭合(C)/放弃(U)]:　　//按【Enter】键

7.2.3　编辑多线

用户可以将已经绘制的多线进行编辑,以便修改其形状。"编辑多线"命令可以控制多线之间相交时的连接方式,增加或删除多线的顶点,控制多线的打断与结合。

启用"编辑多线"命令有以下方法:

★ 选择→【修改】→【对象】→【多线】菜单命令

★ 输入命令:MLEDIT

利用上述方法启用"编辑多线"命令后,系统将弹出如图7-20所示的【多线编辑工具】对话框。在【多线编辑工具】对话框中,多线编辑以四列显示样例图像:第一列处理十字交叉的多线;第二列处理 T 形相交的多线;第三列处理角点连接和顶点;第四列处理多线的剪切和接合。

【例7-4】　修改如图7-21所示左侧的多线。

操作步骤如下:

命令:_mledit

选择第一条多线:　　　　　　　　　//点击角点结合按钮后,选择多线

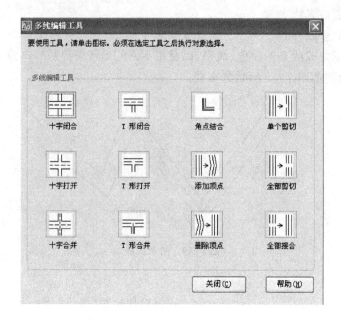

图 7-20 【多线编辑工具】对话框

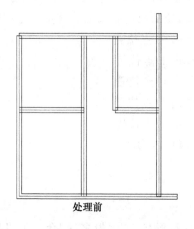 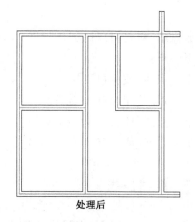

处理前   处理后

图 7-21

选择第二条多线：

选择第一条多线或[放弃(U)]：

选择第二条多线：

选择第一条多线或[放弃(U)]：   //点击十字合并按钮后,选择多线

选择第二条多线：

选择第一条多线或[放弃(U)]：   //点击 T 形合并按钮后,选择多线

选择第二条多线：

选择第一条多线或[放弃(U)]：

选择第二条多线：

......

7.3 图块及属性

7.3.1 定义图块

定义图块就是将图形中选定的一个或多个对象组合成一个整体,为其命名保存,并在以后的使用过程中将它视为一个独立、完整的对象进行调用和编辑。定义图块时需要执行"Block"命令,用户可以通过以下方法调用该命令:

★ 选择→【绘图】→【块】→【创建】菜单命令

★ 单击"绘图"工具栏上的"创建块"按钮

★ 输入命令:BLOCK   命令简写 B

启用"块"命令后,系统弹出【块定义】对话框,如图 7-22 所示。在该对话框中对图形进行块的定义,然后单击 [确定] 按钮就可以创建图块。

图 7-22 【块定义】对话框

在【块定义】对话框中各个选项的意义如下:

(1) 名称(N):列表框:用于输入或选择图块的名称。

(2) 基点 选项组:用于确定图块插入基点的位置。用户可以输入插入基点的 X、Y、Z 坐标;也可以单击【拾取点】按钮 ,在绘图窗口中选取插入基点的位置。

(3) 对象 选项组:用于选择构成图块的图形对象。

◇ 按钮:单击该按钮,即可在绘图窗口中选择构成图块的图形对象。

◇ 按钮:单击该按钮,打开【快速选择】对话框,如图 7-23 所示。可以通过该对话框进行快速过滤来选择满足条件的实体目标。

◇ 保留(R) 单选项:选择该选项,则在创建图块后,所选图形对象仍保留并且属性不变。

◇ 转换为块(C) 单选项:选择该选项,则在创建图块后,所选图形对象转换为图块。

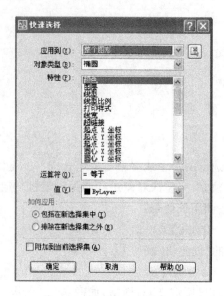

图 7-23 【快速选择】对话框

○ ○删除(D) 单选项：选择该选项，则在创建图块后，所选图形对象将被删除。

（4）设置 选项组：用于指定块的设置。

○ 块单位(U)：下拉列表框：指定块参照插入单位。

○ 超链接(L)... 按钮：将某个超链接与块定义相关联，单击该按钮，弹出【插入超链接】对话框，如图 7-24 所示，从列表或指定的路径，可以将超链接与块定义相关联。

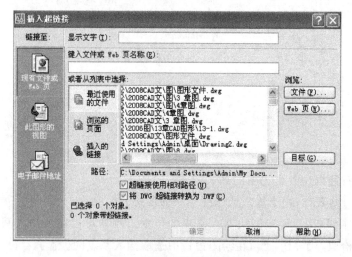

图 7-24 【插入超链接】对话框

○ □在块编辑器中打开(O) 复选框：用于在块编辑器中打开当前的块定义，主要用于创建动态块。

（5）方式 选项组：用于块的方式设置。

○ □按统一比例缩放(S) 复选框：指定块参照是否按统一比例缩放。

○ ☑允许分解(P) 复选框：指定块参照是否可以被分解。

○ 说明 文本框：用于输入图块的说明文字。

【例 7-5】 通过定义块命令将图 7-25 所示的图形创建成块,名称为"门"。

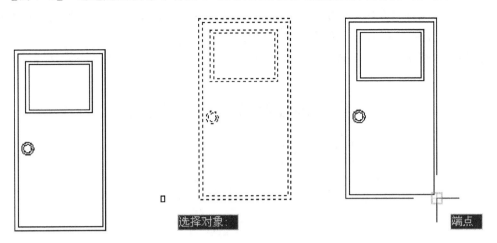

图 7-25 门   图 7-26 "选择图块对象"图形   图 7-27 拾取图块的插入基点

操作步骤如下:

① 单击工具栏上"创建块"按钮 ,弹出【块定义】对话框。

② 在【块定义】对话框的"名称"列表框中输入图块的名称"门"。

③ 在【块定义】对话框中,单击"对象"选项组中的"选择对象"按钮 ,在绘图窗口中选择图形,此时图形以虚线显示,如图 7-26 所示,按【Enter】键确认。

④ 在【块定义】对话框中,单击"基点"选项组中的"拾取点"按钮 ,在绘图窗口中选择端点作为图块的插入基点,如图 7-27 所示。

⑤ 单击 确定 按钮,即可创建"门"图块,如图 7-28 所示。

图 7-28 创建完成后的【块定义】对话框

7.3.2 写块

前面定义的图块,只能在当前图形文件中使用,如果需要在其他图形中使用已经定义的图块,如标题栏、图框以及一些通用的图形对象等,可以将图块以图形文件形式保存下来。这时,它就和一般图形文件没有什么区别,可以被打开、编辑,也可以以图块形式方便地插入到其他图形文件中。"保存图块"也就是我们通常所说的"写块"。

　　【写块】需要使用"WBLOCK"命令,启用命令后,系统将弹出如图 7-29 所示的【写块】对话框。

图 7-29　【写块】对话框

在【写块】对话框中各个选项的意义如下。

　　源 选项组:用于选择图块和图形对象,将其保存为文件并为其指定插入点。

◦ ○块(B):单选项:用于从列表中选择要保存为图形文件的现有图块。

◦ ○整个图形(E)单选项:将当前图形作为一个图块,并作为一个图形文件保存。

◦ ◉对象(O)单选项:用于从绘图窗口中选择构成图块的图形对象。

◦ 目标 选项组:用于指定图块文件的名称、位置和插入图块时使用的测量单位。

◦ 文件名和路径(F):列表框:用于输入或选择图块文件的名称、保存位置。单击右侧的 ... 按钮,弹出【浏览图形文件】对话框,即可指定图块的保存位置,并指定图块的名称。

　　设置完成后,单击 确定 按钮,将图形存储到指定的位置,在绘图过程中需要时即可调用。

7.3.3　插入块

　　在绘图过程中,若需要应用图块时,可以利用"插入块"命令将已创建的图块插入到当前图形中。在插入图块时,用户需要指定图块的名称、插入点、缩放比例和旋转角度等。

　　启用"插入块"命令有以下方法:

★ 单击【绘图】工具栏中的"插入块"按钮

★ 输入命令:INSERT　　　命令简写 I

利用上述任意一种方法启用"插入块"命令,弹出【插入】对话框,如图7-30所示,从中即可指定要插入的图块名称与位置。

图 7-30   【插入】对话框

在【插入】对话框中各个选项的意义如下:

(1) 名称(N):列表框:用于输入或选择需要插入的图块名称。

若需要使用外部文件(即利用"写块"命令创建的图块),可以单击 浏览(B)... 按钮,在弹出的【选择图形文件】对话框选择相应的图块文件,单击 确定 按钮,即可将该文件中的图形作为块插入到当前图形。

(2) 插入点 选项组:用于指定块的插入点的位置。用户可以利用鼠标在绘图窗口中指定插入点的位置,也可以输入 X、Y、Z 坐标。

(3) 比例 选项组:用于指定块的缩放比例。用户可以直接输入块的 X、Y、Z 方向的比例因子,也可以利用鼠标在绘图窗口中指定块的缩放比例。

(4) 旋转 选项组:用于指定块的旋转角度。在插入块时,用户可以按照设置的角度旋转图块,也可以利用鼠标在绘图窗口中指定块的旋转角度。

(5) □分解(U) 复选框:若选择该选项,则插入的块不是一个整体,而是被分解为各个单独的图形对象。

7.3.4   分解图块

当在图形中使用块时,AutoCAD 2008 将块作为单个的对象处理,只能对整个块进行编辑。如果用户需要编辑组成块的某个对象时,需要将块的组成对象分解为单一个体。

将图块分解,有以下几种方法:

(1) 插入图块时,在【插入】对话框中,选择"分解"复选框,再单击 确定 按钮,插入的图形仍保持原来的形式,但可以对其中某个对象进行修改。

(2) 插入图块对象后,使用"分解"命令,单击工具栏中的 ✂ 按钮,将图块分解为多个对象。分解后的对象将还原为原始的图层属性设置状态。如果分解带有属性的块,属性值将丢失,并重新显示其属性定义。

练习题

1. 建立新图形文件,分图层绘制,图形层的颜色为红色,粗实线;填充层颜色为绿色。完成下列所示图形的绘制。

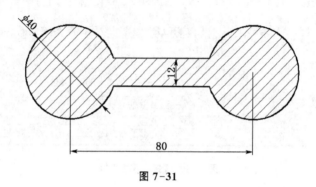

图 7-31

2. 将下面的圆柱体进行渐变色填充。

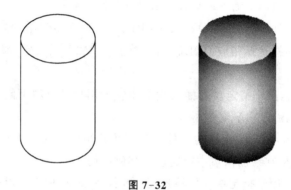

图 7-32

3. 运用多线命令,绘制如图 7-33 所示的平面图。

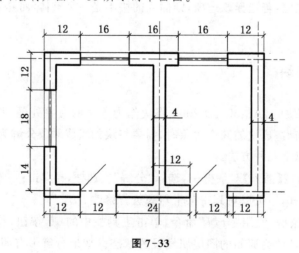

图 7-33

8 文字与表格

8.1 文字样式的设置

在输入文字之前,首先要设置文字样式。文字样式包括字体、字高、宽度比例、倾斜比例、倾斜角度以及反向、颠倒、垂直、对齐等内容。

启用"文字样式"命令有以下方法:

★ 选择→【格式】→【文字样式】菜单命令

★ 单击【样式】工具栏上【文字样式管理器】按钮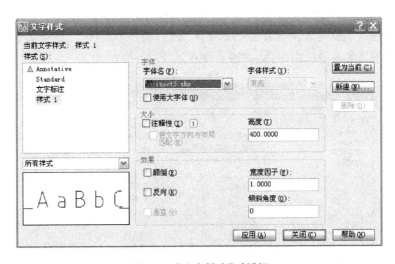

★ 输入命令:STYLE

启用"文字样式"命令后,系统弹出【文字样式】对话框,如图 8-1 所示。

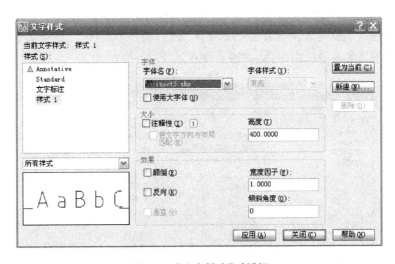

图 8-1 【文字样式】对话框

在【文字样式】对话框中,各选项组的意义如下:

1)"按钮区"选项组

在【文字样式】对话框的右侧和下方有若干按钮,它们用来对文字样式进行最基本的管理操作。

◎ 置为当前 (C):将在"样式"列表中选择的文字样式设置为当前文字样式。

◎ 新建 (N)...:该按钮是用来创建新字体样式的。单击该按钮,弹出【新建文字样式】对话框,如图 8-2 所示。在该对话框的编辑框中输入用户所需要的样式名,单击 确定 按钮,返回到【新建文字样式】对话框,在对话框中对新命名的文字进行设置。

图 8-2 【新建文字样式】对话框

- 删除(D) :该按钮是用来删除在"样式"列表区选择的文字样式,但不能删除当前文字样式,以及已经用于图形中文字的文字样式。

- 应用(A) :在修改了文字样式的某些参数后,该按钮变为有效。单击该按钮,可使设置生效,并将所选文字样式设置为当前文字样式。此时 取消 按钮将变为 关闭(C) 按钮。

2)"字体设置"选项组

该设置区用来设置文字样式的字体类型及大小。

- SHX 字体(X): 下拉列表:通过该选项可以选择文字样式的字体类型。默认情况下, ☑ 使用大字体(U) 复选框被选中,此时只能选择扩展名为".shx"的字体文件。

- 大字体(B): 下拉列表;选择为亚洲语言设计的大字体文件,例如,gbcbig.txt 代表简体中文字体,chineseset.txt 代表繁体中文字体,bigfont.txt 代表日文字体等。

- □ 使用大字体(U) 复选框:如果取消该复选框,"SHX 字体"下拉列表将变为"字体名"下拉列表,此时可以在其下拉列表中选择".shx"字体或"TrueType 字体"(字体名称前有" T "标志),如宋体、仿宋体等各种汉字字体,如图 8-3 所示。

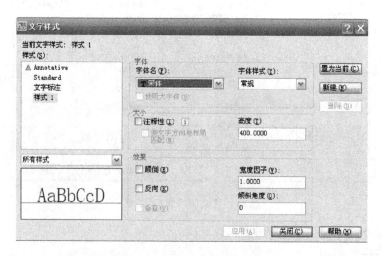

图 8-3 选择 TrueType 字体

3)"大小"设置选项组

- 高度(T)编辑框:设置文字样式的默认高度,其缺省值为 0。如果该数值为 0,则在创建单行文字时,必须设置文字高度;而在创建多行文字或作为标注文本样式时,文字的默认高度均被设置为 2.5,用户可以根据情况进行修改。如果该数值不为 0,无论是创建单行、多行文字,还是作为标注文本样式,该数值将被作为文字的默认高度。

◎ ☑注释性(I) ⓘ 复选框:如果选中该复选框,表示使用此文字样式创建的文字支持使用注释比例,此时"高度"编辑框将变为"图纸文字高度"编辑框,如图 8-4 所示。

图 8-4 "注释性"复选框的意义

4)"效果"设置选项组

"效果"设置用来设置文字样式的外观效果,如图 8-5 所示。

◎ □颠倒(E):颠倒显示字符,也就是通常所说的"大头向下"。

◎ □反向(K):反向显示字符。

◎ □垂直(V):字体垂直书写,该选项只有在选择".shx"字体时才可使用。

◎ 宽度因子(W)::在不改变字符高度情况下,控制字符的宽度。宽度比例小于 1,字的宽度被压缩,此时可制作瘦高字;宽度比例大于 1,字的宽度被扩展,此时可制作扁平字。

◎ 倾斜角度(O)::控制文字的倾斜角度,用来制作斜体字。

图 8-5 各种文字的效果

5)"预览"显示区

在"预览"显示区,随着字体的改变和效果的修改,动态显示文字样式,如图 8-6 所示。

图 8-6 "预览"显示

8.2　选择文字样式

在图形文件中输入文字的样式是根据当前使用的文字样式决定的。将某一个文字样式设置为当前文字样式有两种方法：

1）使用【文字样式】对话框

打开【文字样式】对话框，在"样式名"选项的下拉列表中选择要使用的文字样式，单击 关闭 按钮，关闭对话框，完成文字样式的选择，如图 8-7 所示。

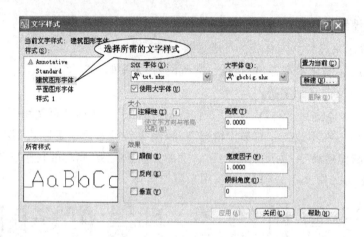

图 8-7　使用【文字样式】对话框选择文字样式

2）使用"样式"工具栏

在"样式"工具栏中的"文字样式管理器"选项的下拉列表中选择需要的文字样式即可，如图 8-8 所示。

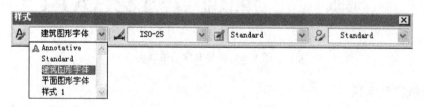

图 8-8　选择需要的文字样式

8.3　单行文字

添加到图形中的文字可以表达各种信息。它可以是复杂的规格说明、标题块信息、标签文字或图形的组成部分,也可以是最简单的文本信息。对于不需要使用多种字体的简短内容,可使用"Text"或"Dtext"命令创建单行文字。单行文字标注方式可以为图形标注一行或几行文字,而每行文字都是一个独立的对象,读者可以对其重定位、调整格式或进行其他修改。

调用"单行文字"命令有两种方式:

★ 选择→【绘图】→【文字】→【单行文字】菜单命令

★ 输入命令:Text 或 Dtext

创建单行文字时,用户还可以在文字中输入特殊字符,例如直径符号 Φ,百分号％,正负公差符号±,文字的上划线、下划线等,但是这些特殊符号一般不能由标注键盘直接输入,为此系统提供了专用的代码。每个代码是由"％％"与一个字符所组成,如％％C、％％D、％％P 等。表 8-1 为用户提供了特殊字符的代码。

表 8-1　特殊字符的代码

输入代码	对应字符	输入效果
％％O	上划线	文字说明
％％U	下划线	文字说明
％％D	度数符号"°"	90°
％％P	公差符号"±"	±100
％％C	圆直径标注符号"Φ"	80
％％％	百分号"％"	98％
\U+2220	角度符号"∠"	∠A
\U+2248	几乎相等"≈"	X≈A
\U+2260	不相等"≠"	A≠B
\U+00B2	上标 2	X^2
\U+2082	下标 2	X_2

8.4　多行文字

当需要标注的文字内容较长、较复杂时,可以使用"Mtext"命令进行多行文字标注。多行文字又称为段落文字,它是由任意数目的文字行或段落所组成。与单行文字不同的是,在一个多行文字编辑任务中创建的所有文字行或段落将被视作同一个多行文字对象,读者可以对其进行整体选择、移动、旋转、删除、复制、镜像、拉伸或比例缩放等操作。另外,与单行文字相比较,多行文字还具有更多的编辑选项,如对文字加粗、增加下划线、改变字体颜色等。

调用"多行文字"命令有以下方法:

★ 选择→【绘图】→【文字】→【多行文字】菜单命令

★ 单击绘图工具栏上的"多行文字"按钮

★ 输入命令：Mtext

启动"多行文字"命令后，光标变为如图 8-9 所示的形式，在绘图窗口中，单击指定一点并向下方拖动鼠标绘制出一个矩形框，如图 8-10 所示。绘图区内出现的矩形框用于指定多行文字的输入位置与大小，其箭头指示文字书写的方向。

图 8-9　光标形状　　　　　　　　　图 8-10　拖动鼠标过程

拖动鼠标到适当位置后单击，弹出"在位文字编辑器"，它包括一个顶部带标尺的"文字输入"框和"文字格式"工具栏，在"文字输入"框输入需要的文字。输入完成后，单击确定按钮，此时文字显示在用户指定的位置。

8.5　文字修改

8.5.1　双击编辑文字

无论是单行文字还是多行文字，均可直接通过双击来编辑，此时实际上是执行了 DDE-DIT 命令，该命令的特点如下。

（1）编辑单行文字时，文字全部被选中，因此，如果此时直接输入文字，则文本原内容均被替换，如图 8-11 所示。如果希望修改文本内容，可首先在文本框中单击。如果希望退出单行文字编辑状态，可在其他位置单击或按【Enter】键。

图 8-11　编辑单行文字

（2）编辑多行文字时，将打开"文字格式"工具栏和文本框，这和输入多行文字完全相同。

（3）退出当前文字编辑状态后，可单击编辑其他单行或多行文字。

（4）如果希望结束编辑命令，可在退出文字编辑状态后按【Enter】键。

8.5.2　修改文字特性

要修改单行文字的特性，可在选中文字后单击"标准"工具栏中的"对象特性"按钮，打开单行文字的"特性"面板。利用该面板可修改文字的内容、样式、对正方式、高度、宽度比例、倾斜角度，以及是否颠倒、反向等。

8.6   表格应用

利用 AutoCAD 的表格功能,可以方便、快速地绘制图纸所需的表格,如明细表、标题栏等。在本节中,通过创建如图 8-12 所示表格来说明在 AutoCAD 中创建表格的方法。该表格的列宽为 25,表格中字体为宋体,字号为 4.5 号。

姓名	考号	数学	物理	化学
杨军	1036	97	92	68
李杰	1045	88	79	74
王东鹤	1021	64	83	82
吴天	1062	75	96	86
王群	1013	93	85	72
小计		417	435	382

图 8-12   表格示例

在绘制表格之前,用户需要启用“表格样式”命令来设置表格的样式,表格样式用于控制表格单元的填充颜色、内容对齐方式、数据格式,表格文本的文字样式、高度、颜色,以及表格边框等。

（1）启用“表格样式”命令有以下方法:

★ 选择→【格式】→【表格样式】菜单命令

★ 单击“样式”工具栏中的“表格样式管理器”按钮 ⚏

★ 输入命令:TABLESTYLE

启用“表格样式”命令后,系统将弹出【表格样式】对话框,如图 8-13 所示。

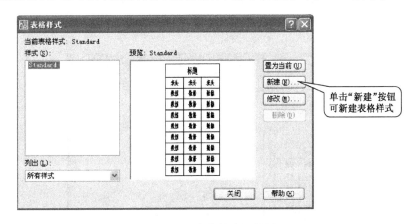

图 8-13   【表格样式】对话框

（2）单击 [修改(M)...] 按钮,打开如图 8-14 所示【修改表格样式】对话框。打开“基本”设置区中的“对齐”下拉列表,选择“正中”,如图 8-15 所示。

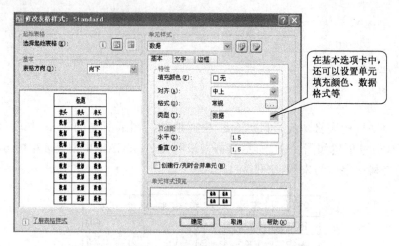

在基本选项卡中，还可以设置单元填充颜色、数据格式等

图 8-14 【修改表格样式】对话框

（3）打开对话框右侧的"文字"选项卡，设置"文字高度"为 4.5，如图 8-16 所示。

图 8-15 设置单元格内容对齐方式

图 8-16 设置文字高度

（4）单击"文字样式"下拉列表框右侧的 ⋯ 按钮，打开【文字样式】对话框，取消"大字体"复选框，将"字体名"设置为"宋体"，如图 8-17 所示。依次单击 应用(A) 和 关闭(C) 按钮，关闭【文字样式】对话框。

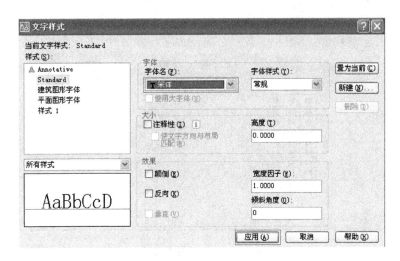

图 8-17　修改文字样式字体

（5）单击 确定 按钮，关闭【修改表格样式】对话框。单击 关闭(C) 按钮，关闭【表格样式】对话框。

8.7　创建表格

创建表格时，可设置表格的表格样式，表格列数、列宽、行数、行高等。创建结束后系统自动进入表格内容编辑状态，下面一起来看看其具体操作。

（1）单击"绘图"工具栏中的"表格"工具 ⊞ 或选择【绘图】→【表格】菜单，打开"插入表格"对话框。

（2）在"列和行设置"区设置表格列数为 5，列宽为 25，行数为 5（默认行高为 1 行）；在"设置单元样式"设置区依次打开"第一行单元样式"和"第二行单元样式"下拉列表，从中选择"数据"，将标题行和表头行均设置为"数据"类型（表示表格中不含标题行和表头行），如图 8-18 所示。

（3）单击 确定 按钮，关闭【插入表格】对话框。在绘图区域单击，确定表格放置位置，此时系统将自动打开"文字格式"工具栏，并进入表格内容编辑状态，如图 8-19 所示。如果表格尺寸较小，无法看到编辑效果，可首先在表格外空白区单击，暂时退出表格内容编辑状态，然后放大表格显示即可。

（4）在表格左上角单元中双击，重新进入表格内容编辑状态，然后输入"姓名"等文本内容，通过【Tab】键切换到同行的下一个单元，【Enter】键切换同一列的下一个表单元，或【↑】【↓】【←】【→】键在各表单元之间切换，为表格的其他单元输入内容，如图 8-20 所示，编辑结束后,在表格外单击或者按【Esc】键退出表格编辑状态。

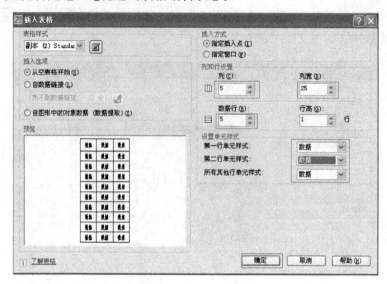

图 8-18　设置表格参数

图 8-19　在绘图区域单击放置表格

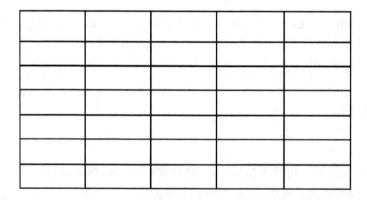

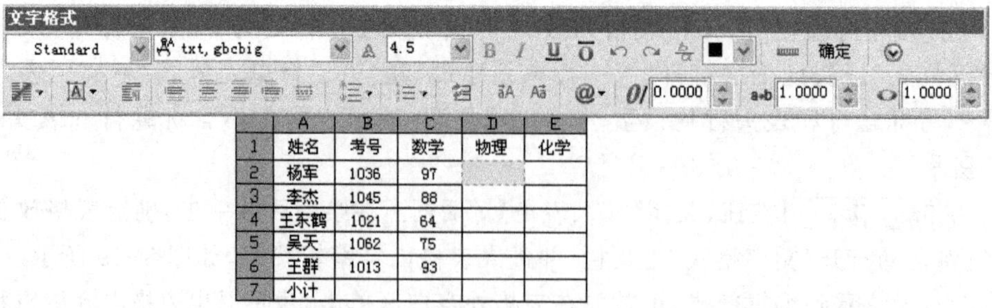

	A	B	C	D	E
1	姓名	考号	数学	物理	化学
2	杨军	1036	97		
3	李杰	1045	88		
4	王东鹤	1021	64		
5	吴天	1062	75		
6	王群	1013	93		
7	小计				

图 8-20　为表格单元输入内容

8.8 编辑表格

在 AutoCAD 中,用户可以方便地编辑表格内容,合并表单元,以及调整表单元的行高与列宽等。

8.8.1 选择表格与表单元

要调整表格外观,例如,合并表单元,插入或删除行或列,应首先掌握如何选择表格或表单元,具体方法如下:

(1)要选择整个表格,可直接单击表线,或利用选择窗口选择整个表格。表格被选中后,表格框线将显示为断续线,并显示了一组夹点,如图 8-21 所示。

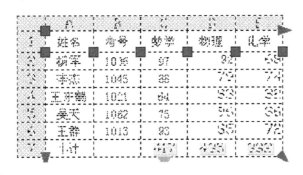

图 8-21 选择表格

(2)要选择一个表单元,可直接在该表单元中单击,此时将在所选表单元四周显示夹点,如图 8-22 所示。

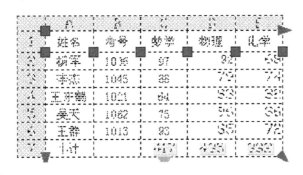

图 8-22 选择表单元

(3)要选择表单元区域,可首先在表单元区域的左上角表单元中单击,然后向表单元区域的右下角表单元中拖动,则释放鼠标后,选择框所包含或与选择框相交的表单元均被选中,如图 8-23 所示。此外,在单击选中表单元区域中某个角点的表单元后,按住【Shift】键,在表单元区域中所选表单元的对角表单元中单击,也可选中表单元区域。

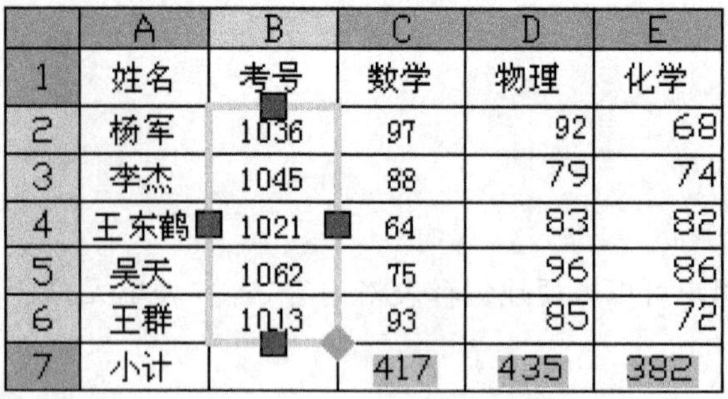

	A	B	C	D	E
1	姓名	考号	数学	物理	化学
2	杨军	1036	97	92	68
3	李杰	1045	88	79	74
4	王东鹤	1021	64	83	82
5	吴天	1062	75	96	86
6	王群	1013	93	85	72
7	小计		417	435	382

图 8-23　选择表单元区域

（4）要取消表单元选择状态，可按【Esc】键，或者直接在表格外单击。

8.8.2　编辑表格内容

要编辑表格内容，只需鼠标双击表单元进入文字编辑状态即可。要删除表单元中的内容，可首先选中表单元，然后按【Delete】键。

8.8.3　调整表格的行高与列宽

选中表格、表单元或表单元区域后，通过拖动不同夹点可移动表格的位置，或者调整表格的行高与列宽，这些夹点的功能如图 8-24 所示。

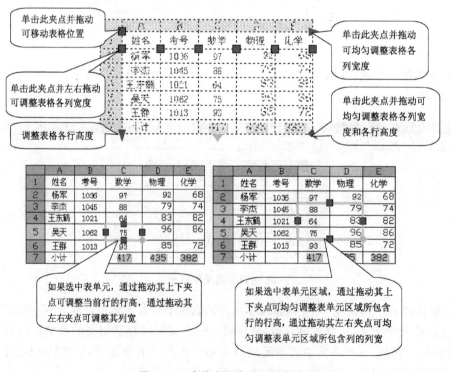

图 8-24　表格各夹点的不同用途

8.8.4　利用"表格"工具栏编辑表格

在选中表单元或表单元区域后,"表格"工具栏被自动打开,通过单击其中的按钮,可对表格插入或删除行或列,以及合并单元、取消单元合并、调整单元边框等。例如,要调整表格外边框,可执行如下操作。

1）表格边框的编辑

（1）单击选择表格中的左上角表单元,然后按住【Shift】键,在表格右下角表单元单击,从而选中所有表单元,如图 8-25 所示。

（2）单击"表格"工具栏中的"单元边框"按钮 ▦ ,打开如图 8-26 所示【单元边框特性】对话框。

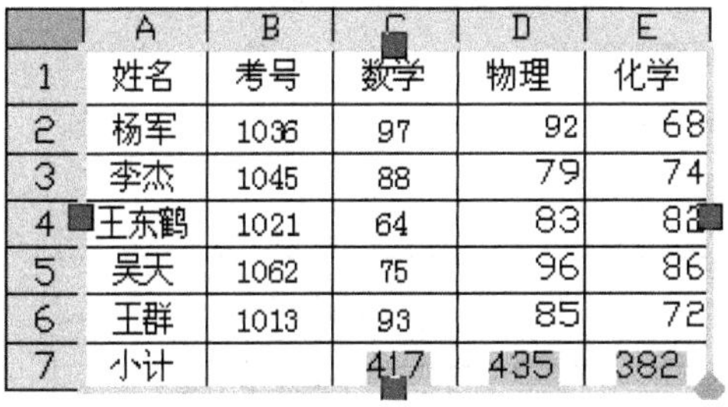

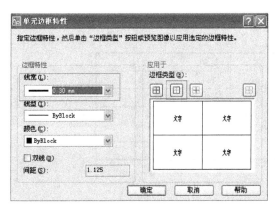

图 8-25　选中所有表单元

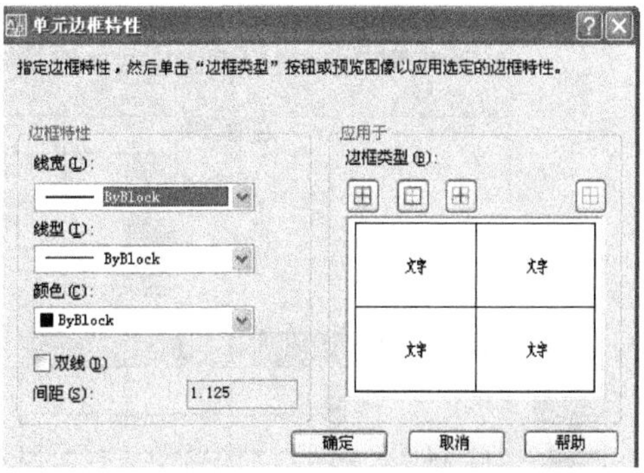

图 8-26　【单元边框特性】对话框

（3）在"边框特性"设置区打开"线宽"下拉列表,设置"线宽"为 0.3,在"应用于"设置区中单击"外边框"按钮 ▣ ,如图 8-27 所示。

（4）单击 确定 按钮,按【Esc】键退出表格编辑状态。单击状态栏上的 线宽 按钮以显示线宽,结果如图 8-28 所示。

图 8-27　设置线宽和应用范围

图 8-28　调整表格外边框线宽

2）合并表格

（1）用鼠标左键选定 A1、B2 区域，系统弹出如图 8-29 所示对话框。

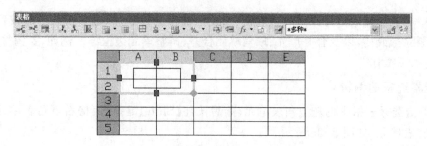

图 8-29　选定要合并的单元格

（2）单击表格工具栏上 ▦▾ 按钮，选择"全部"，表格合并完成，如图 8-30 所示。

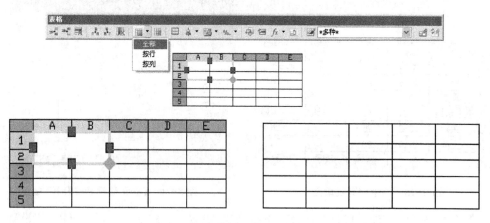

图 8-30　合并过程显示

练习题

用绘制表格方式，绘制如图 8-31 所示的标题栏。

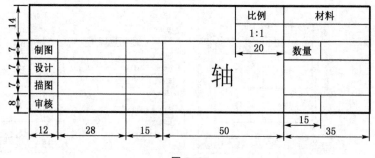

图 8-31

9

尺寸标注

工程图纸中除了图形外,还有很多尺寸标注,正确、合理的尺寸标注是必需的。在标注尺寸时,首先要了解尺寸标注的类型,然后设置合理的尺寸标注样式,再进行尺寸标注。本章主要介绍尺寸标注的类型、尺寸标注样式的设置、尺寸的标注及修改等。

9.1 尺寸标注组成

一个完整的尺寸标注包括四个部分,分别是由尺寸线、尺寸界线、尺寸起止符号和尺寸数字组成。如图 9-1 所示。

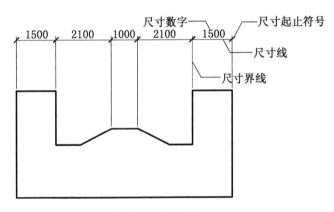

图 9-1 尺寸标注组成

1）尺寸线

尺寸线表示尺寸标注的范围,通常是带有箭头且平行于被标注对象的单线段。标注文字沿尺寸线放置。对于角度标注,尺寸线可以是一段圆弧。

2）尺寸界线

尺寸界限线表示尺寸线的开始和结束。通常从被标注对象延长至尺寸线,一般与尺寸线垂直。有些情况下,也可以选用某些图形对象的轮廓线或中心线代替尺寸界限线。

3）尺寸起止符号

尺寸起止符号在尺寸线的两端,用于标记尺寸标注的起始和终止位置。AutoCAD 提供了多种形式的尺寸起止符号,包括建筑标记、小斜线箭头等。用户也可以根据绘图需要创建自已的箭头形式。

4）尺寸数字

尺寸数字用于表示实际测量值。可以使用由 AutoCAD 自动计算出的测量值,提供自定义的文字或完全不用文字。

在 AutoCAD 中,通常将尺寸的各个组成部分作为块处理,因此,在绘图过程中,一个尺寸标注就是一个对象。

9.2 尺寸标注的类型

AutoCAD 2008 中的尺寸标注可以分为以下类型:直线标注、角度标注、径向标注、坐标标注、引线标注、公差标注、中心标注以及快速标注等。

1）直线标注

直线标注包括线性标注、对齐标注、基线标注和连续标注。

◆ 线性标注:线性标注是测量两点间的直线距离。按尺寸线的放置可分为水平标注、垂直标注和旋转标注三个基本类型。

◆ 对齐标注:对齐标注是创建尺寸线平行于尺寸界线起点的线性标注。

◆ 基线标注:基线标注是创建一系列的线性、角度或者坐标标注,每个标注都从相同原点测量出来。

◆ 连续标注:连续标注是创建一系列连续的线性、对齐、角度或者坐标标注,每个标注都是从前一个或者最后一个选定的标注的第二尺寸界线处创建,共享公共的尺寸界线。

2）角度标注

角度标注用于测量角度。

3）径向标注

径向标注包括半径标注、直径标注和弧长标注。

◆ 半径标注:半径标注是用于测量圆和圆弧的半径。

◆ 直径标注:直径标注是用于测量圆和圆弧的直径。

◆ 弧长标注:弧长标注是用于测量圆弧的长度,它是 AutoCAD 2008 新增功能。

4）坐标标注

使用坐标系中相互垂直的 X 和 Y 坐标轴作为参考线,依据参考线标注给定位置的 X 或者 Y 坐标值。

5）引线标注

引线标注用于创建注释和引线,将文字和对象在视觉上链接在一起。

6）公差标注

公差标注用于创建形位公差标注。

7）中心标注

中心标注用于创建圆心和中心线,指出圆或者圆弧的中心。

8）快速标注

快速标注是通过一次选择多个对象,创建标注排列。例如:基线、连续和坐标标注。

9.3 尺寸标注的规则

1）尺寸标注的基本规则

(1)图形对象的大小以尺寸数值所表示的大小为准,与图线绘制的精度和输出时的精度无关。

(2)一般情况下,采用毫米为单位时不需要注写单位,否则应该明确注写尺寸所用单位。

(3)尺寸标注所用字符的大小和格式必须满足国家标准。在同一图形中,尺寸数字大小应该相同,尺寸线间隔应该相同。

(4)尺寸数字和图线重合时,必须将图线断开。如果图线不便于断开来表达对象时,应该调整尺寸标注的位置。

2）AutoCAD 中尺寸标注的其他规则

一般情况下,为了便于尺寸标注的统一和绘图的方便,在 AutoCAD 中标注尺寸时应该遵守以下规则:

(1)为尺寸标注建立专用的图层。建立专用的图层,可以控制尺寸的显示和隐藏,和其他的图线可以迅速分开,便于修改、浏览。

(2)为尺寸文本建立专门的文字样式。对照国家标准,应该设定好字符的高度、宽度系数、倾斜角度等。

(3)设定好尺寸标注样式。按照我国的国家标准,创建系列尺寸标注样式,内容包括直线和终端、文字样式、调整对齐特性、单位、尺寸精度、公差格式和比例因子等等。

(4)采用1:1的比例绘图。由于尺寸标注时可以让 AutoCAD 自动测量尺寸大小,所以采用1:1的比例绘图,绘图时无须换算,在标注尺寸时也无须再键入尺寸大小。如果最后统一修改了绘图比例,相应应该修改尺寸标注的全局比例因子。

(5)标注尺寸时应该充分利用对象捕捉功能准确标注尺寸,可以获得正确的尺寸数值。尺寸标注为了便于修改,应该设定成关联的。

(6)在标注尺寸时,为了减少其他图线的干扰,应该将不必要的层关闭。

9.4 尺寸标注样式的设置

9.4.1 标注样式管理器

标注尺寸时,应先对尺寸标注样式进行设置。标注样式可以设置标注文字字体、文字位置、文字高度、箭头样式和大小、尺寸界线的偏移距离等。通过【标注样式管理器】对话框来设置和管理标注样式，缺省情况下，在 AutoCAD 中创建尺寸标注时使用的尺寸标注样式是"ISO－25"，用户可以根据需要创建一种新的尺寸标注样式。

　　AutoCAD 提供的"标注样式"命令即可用来创建尺寸标注样式。启用"标注样式"命令后，系统将弹出【标注样式】对话框，从中可以创建或调用已有的尺寸标注样式。在创建新的尺寸标注样式时，用户需要设置尺寸标注样式的名称，并选择相应的属性。

　　启用"标注样式"命令有以下方法：

　　★ 选择→【格式】→【标注样式】菜单命令

　　★ 单击【样式】工具栏中的"标注样式管理器"按钮

　　★ 输入命令：DIMSTYLE

　　启用"标注样式"命令后，系统弹出如图 9-2 所示的【标注样式管理器】对话框，各选项功能如下：

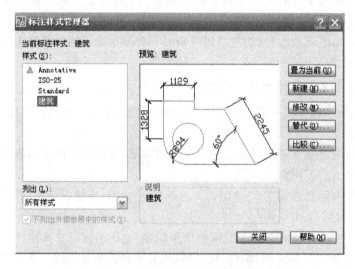

图 9-2 【标注样式管理器】对话框

　　◎【样式】选项：显示当前图形文件中已定义的所有尺寸标注样式。

　　◎【预览】选项：显示当前尺寸标注样式设置的各种特征参数的最终效果图。

　　◎【列出】选项：用于控制在当前图形文件中是否全部显示所有的尺寸标注样式。

　　◎ 置为当前(U) 按钮：用于设置当前标注样式。对每一种新建立的标注样式或对原式样的修改后，均要置为当前设置才有效。

　　◎ 新建(N)... 按钮：用于创建新的标注样式。

　　◎ 修改(M)... 按钮：用于修改已有标注样式中的某些尺寸变量。

　　◎ 替代(O)... 按钮：用于创建临时的标注样式。当采用临时标注样式标注某一尺寸后，再继续采用原来的标注样式标注其他尺寸时，其标注效果不受临时标注样式的影响。

　　◎ 比较(C)... 按钮：用于比较不同标注样式中不相同的尺寸变量，并用列表的形式显示出来。

　　创建尺寸样式的操作步骤如下：

（1）利用上述任意一种方法启用"标注样式"命令，弹出【标注样式管理器】对话框，在"样式"列表下显示了当前使用图形中已存在的标注样式，如图9-3所示。

（2）单击 新建 按钮，弹出【创建新标注样式】对话框，在"新样式名"选项的文本框中输入新的样式名称；在"基础样式"选项的下拉列表中选择新标注样式是基于哪一种标注样式创建的；在"用于"选项的下拉列表中选择标注的应用范围，如应用于所有标注、半径标注、对齐标注等，如图9-3所示。

图 9-3 【创建新标注样式】对话框

（3）单击 继续 按钮，弹出【新建标注样式】对话框，此时用户即可应用对话框中的 7 个选项卡进行设置，如9-4所示。

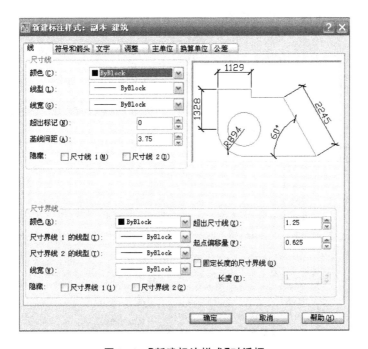

图 9-4 【新建标注样式】对话框

（4）单击 确定 按钮，即可建立新的标注样式，其名称显示在【标注样式管理器】对话框的"样式"列表下，如图9-5所示。

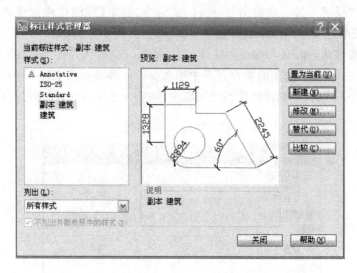

图 9-5 【标注样式管理器】对话框

（5）在"样式"列表内选中刚创建的标注样式，单击 置为当前 按钮，即可将该样式设置为当前使用的标注样式。

（6）单击 关闭 按钮，即可关闭对话框，返回绘图窗口。

9.4.2 控制尺寸线和尺寸界线

在前面创建标注样式时，在图 9-6 所示的【新建标注样式】对话框中有 7 个选项卡来设置标注的样式，在"线"选项卡中，可以对尺寸线、尺寸界线进行设置，如图 9-6 所示。

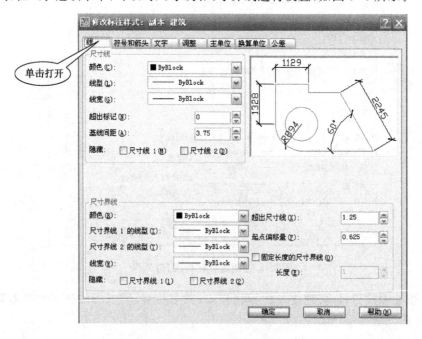

图 9-6 "尺寸线和尺寸界线"直线选项

1）调整尺寸线

在"尺寸线"选项组中可以设置影响尺寸线的一些变量。

◎【颜色】下拉列表框：用于选择尺寸线的颜色。

◎【线型】下拉列表框：用于选择尺寸线的线型，正常选择为连续直线。

◎【线宽】下拉列表框：用于指定尺寸线的宽度，线宽建议选择 0.13。

◎【超出标记】选项：指定当箭头使用倾斜、建筑标记、积分和无标记时尺寸线超过尺寸界线的距离，如图 9-7 所示。

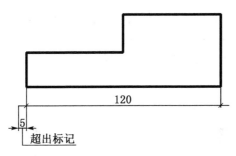

图 9-7 "超出标记"图例

◎【基线间距】选项：决定平行尺寸线间的距离。如：创建基线型尺寸标注时，相邻尺寸线间的距离由该选项控制，如图 9-8 所示。

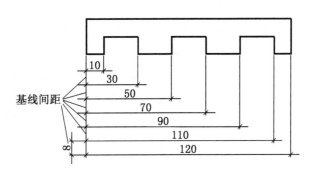

图 9-8 "基线间距"图例

◎【隐藏】选项：有"尺寸线 1"和"尺寸线 2"两个复选框，用于控制尺寸线两端的可见性，如图 9-9 所示。同时选中两个复选框时将不显示尺寸线。

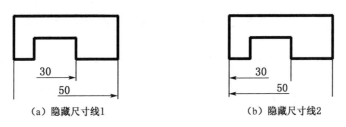

（a）隐藏尺寸线1   （b）隐藏尺寸线2

图 9-9 "隐藏尺寸线"图例

2) 控制尺寸界线

在"尺寸界线"选项组中可以设置尺寸界线的外观。

◎【颜色】列表框:用于选择尺寸界线的颜色。

◎【线型尺寸界线 1 线型】下拉列表:用于指定第一条尺寸界线的线型,正常设置为连续线。

◎【线型尺寸界线 2 线型】下拉列表:用于指定第二条尺寸界线的线型,正常设置为连续线。

◎【线宽】列表框:用于指定尺寸界线的宽度,建议设置为 0.13。

◎【隐藏】选项:有"尺寸界线 1"和"尺寸界线 2"两个复选框,用于控制两条尺寸界线的可见性,如图 9-10 所示;当尺寸界线与图形轮廓线发生重合或与其他对象发生干涉时,可选择隐藏尺寸界线。

（a）隐藏尺寸界线1　　　　　（b）隐藏尺寸界线2

图 9-10　"隐藏尺寸界线"图例

◎【超出尺寸线】选项:用于控制尺寸界线超出尺寸线的距离,如图 9-11 所示,通常规定尺寸界线的超出尺寸为 2～3 mm,使用 1∶1 的比例绘制图形时,设置此选项为 2 或 3。

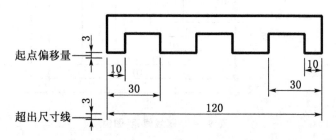

图 9-11　"超出尺寸线和起点偏移量"图例

◎【起点偏移量】选项:用于设置自图形中定义标注的点到尺寸界线的偏移距离,如图 9-11 所示。通常尺寸界线与标注对象间有一定的距离,能够较容易地区分尺寸标注和被标注对象。

◎【固定长度的尺寸界线】复选框:用于指定尺寸界线从尺寸线开始到标注原点的总长度。

9.4.3　控制符号和箭头

在"符号和箭头"选项卡中,可以对箭头、圆心标记、弧长符号和折弯半径标注的格式和位置进行设置,如图 9-12 所示。下面分别对箭头、圆心标记、弧长符号和半径标注、折弯的设置方法进行详细的介绍。

图 9-12 "符号和箭头"选项

◎【第一个】下拉列表框：用于设置第一条尺寸线的箭头样式。

1）箭头的使用

在"箭头"选项组中提供了对尺寸箭头的控制选项。

◎【第二个】下拉列表框：用于设置第二条尺寸线的箭头样式。当改变第一个箭头的类型时，第二个箭头将自动改变以同第一个箭头相匹配。

AutoCAD 2008 提供了 19 种标准的箭头类型，其中设置有建筑制图专用箭头类型，如图 9-13 所示，可以通过滚动条进行选取。要指定用户定义的箭头块，可以选择"用户箭头"命令，弹出【选择自定义箭头块】对话框，选择用户定义的箭头块的名称，如图 9-14 所示，单击 确定 按钮即可。

◎【引线】下拉列表框：用于设置引线标注时的箭头样式。

◎【箭头大小】选项：用于设置箭头的大小。

图 9-13 19 种标准的箭头类型

2）设置圆心标记及圆中心线

在"圆心标记"选项组中提供了对圆心标记的控制选项。

◎【圆心标记】选项组：该选项组提供了"无""标记"和"直线"三个单选项，可以设置圆心标记或画中心线，效果如图 9-15 所示。

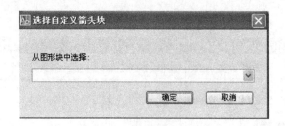

图 9-14　选择自定义箭头块

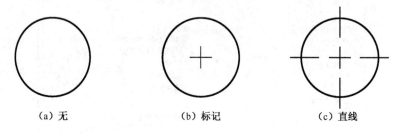

(a) 无　　　　　　　　(b) 标记　　　　　　　　(c) 直线

图 9-15　"圆心标记"选项

◎【大小】选项:用于设置圆心标记或中心线的大小。

3) 设置弧长符号

在"弧长符号"选项组中提供了弧长标注中圆弧符号的显示控制选项。

◎【标注文字的前缀】单选项:用于将弧长符号放在标注文字的前面。

◎【标注文字的上方】单选项:用于将弧长符号放在标注文字的上方。

◎【无】单选项:用于不显示弧长符号。三种不同方式显示如图 9-16 所示。

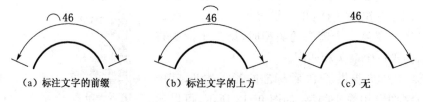

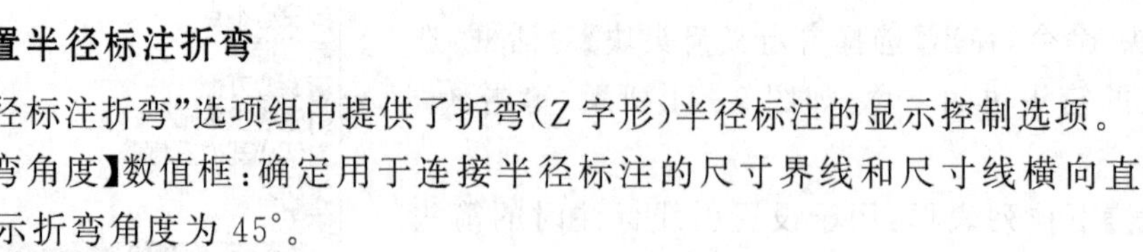

(a) 标注文字的前缀　　　　　(b) 标注文字的上方　　　　　(c) 无

图 9-16　"弧长符号"选项

4) 设置半径标注折弯

在"半径标注折弯"选项组中提供了折弯(Z 字形)半径标注的显示控制选项。

◎【折弯角度】数值框:确定用于连接半径标注的尺寸界线和尺寸线横向直线的角度,图 9-17 所示折弯角度为 45°。

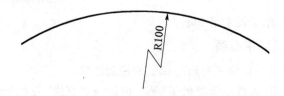

图 9-17　"折弯角度"数值

9.4.4　控制标注文字外观和位置

在【新建标注样式】对话框的"文字"选项卡中,可以对标注文字的外观和文字的位置进行设置,如图 9-18 所示。下面对文字的外观和位置的设置进行详细介绍。

图 9-18　"文字"选项

1）文字外观

在"文字外观"选项组中可以设置控制标注文字的格式和大小。

◎【文字样式】下拉列表框:用于选择标注文字所用的文字样式。如果需要重新创建文字样式,可以单击右侧的按钮 ··· ,弹出【文字样式】对话框,创建新的文字样式即可。

◎【文字颜色】下拉列表框:用于设置标注文字的颜色。

◎【填充颜色】下拉列表框:用于设置标注中文字背景的颜色。

◎【文字高度】数值框:用于指定当前标注文字样式的高度。若在当前使用的文字样式中设置了文字的高度,此项输入的数值无效。

◎【分数高度比例】数值框:用于指定分数形式字符与其他字符之间的比例。只有在选择支持分数的标注格式时,才可进行设置。

◎【绘制文字边框】复选框:用于给标注文字添加一个矩形边框。

2）文字位置

在"文字位置"选项组中,可以设置控制标注文字的位置。

在"垂直"下拉列表框:包含"居中""上方""外部"和"JIS"四个选项,用于控制标注文字相对尺寸线的垂直位置。选择某项时,在对话框的预览框中可以观察到标注文字的变化,

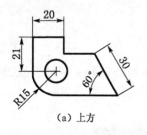

（a）上方

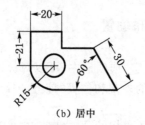

（b）居中

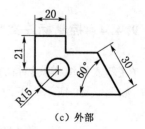

（c）外部

图 9-19 "垂直"下拉列表框三种情况

如图 9-19 所示。

◎ 【居中】选项:将标注文字放在尺寸线的两部分中间。

◎ 【上方】选项:将标注文字放在尺寸线上方。

◎ 【外部】选项:将标注文字放在尺寸线上离标注对象较远的一边。

◎ 【JIS】选项:按照日本工业标准"JIS"放置标注文字。

在"水平"下拉列表框:包含"居中""第一条尺寸线""第二条尺寸界线""第一条尺寸界线上方"和"第二条尺寸界线上方"五个选项,用于控制标注文字相对于尺寸线和尺寸界线的水平位置。

◎ 【居中】选项:把标注文字沿尺寸线放在两条尺寸界线的中间。

◎ 【第一条尺寸界线】选项:沿尺寸线与第一条尺寸界线左对正。

◎ 【第二条尺寸界线】选项:沿尺寸线与第二条尺寸界线右对正。尺寸界线与标注文字的距离是箭头大小加上文字间距之和的两倍,如图 9-20 所示。

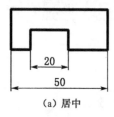

（a）居中

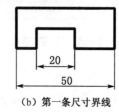

（b）第一条尺寸界线

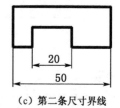

（c）第二条尺寸界线

图 9-20 "水平"下拉列表框的三种情况

◎ 【第一条尺寸界线上方】选项:沿着第一条尺寸界线放置标注文字或把标注文字放在第一条尺寸界线之上。

◎ 【第二条尺寸界线上方】选项:沿着第二条尺寸界线放置标注文字或把标注文字放在第二条尺寸界线之上,如图 9-21 所示。

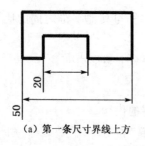

（a）第一条尺寸界线上方

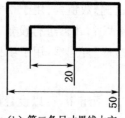

（b）第二条尺寸界线上方

图 9-21 "水平"下拉列表框的两种情况

◎【从尺寸线偏移】数值框:用于设置当前文字与尺寸线之间的间距,如图 9-22 所示。AutoCAD 也将该值用作尺寸线线段所需的最小长度。

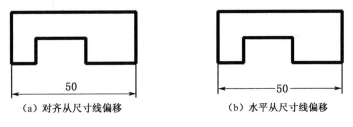

　　　（a）对齐从尺寸线偏移　　　　　　　（b）水平从尺寸线偏移

图 9-22　"从尺寸线偏移"图例

9.4.5　调整箭头、标注文字及尺寸线间的位置关系

在【新建标注样式】对话框的调整选项卡中,可以对标注文字、箭头、尺寸界线之间的位置关系进行设置,如图 9-23 所示。下面对箭头标注文字及尺寸界线间位置关系的设置进行详细的说明。

图 9-23　"调整"选项

1）调整选项

调整选项主要用于控制基于尺寸界线之间可用空间的文字和箭头的位置,如图 9-24 所示。

当尺寸间的距离仅够容纳文字时,文字放在尺寸线内,箭头放在尺寸线外;当尺寸界线间的距离仅够容纳箭头时,箭头放在尺寸界线内,文字放在尺寸界线外;当尺寸界线间的距离既不够放文字又不够放箭头时,文字和箭头都放在尺寸界线外。

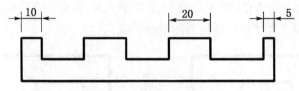

图 9-24 "放置文字和箭头"效果

2）调整文字在尺寸线上的位置

在"调整"选项下拉菜单中,"文字位置"选项用于设置标注文字从默认位置移动时,标注文字的位置,显示效果如图 9-25 所示。

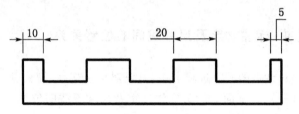

图 9-25 调整文字在尺寸线上的位置

3）调整标注特征的比例

在"调整"选项下拉菜单中,"标注特征比例"选项组用于设置全局标注比例值或图纸空间比例。

9.4.6 设置文字的主单位

在【新建标注样式】对话框的"主单位"选项卡中,可以设置主标注单位的格式和精度,并设置标注文字的前缀和后缀,如图 9-26 所示。

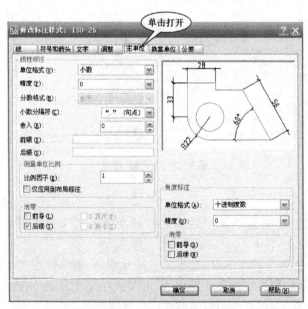

图 9-26 "主单位"选项

9.4.7 设置不同单位尺寸间的换算格式及精度

在【新建标注样式】对话框的"换算单位"选项卡中,选择"显示换算单位"复选框,当前对话框变为可设置状态。此选项卡中的选项可用于设置文件的标注测量值中换算单位的显示并设置其格式和精度,如图 9-27 所示。

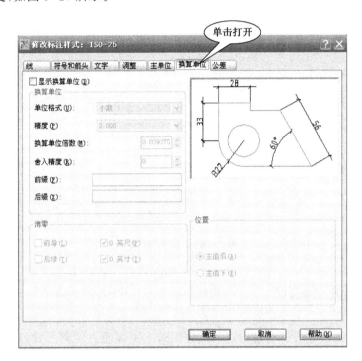

图 9-27 "换算单位"选项

9.4.8 设置尺寸公差

单击打开在【新建标注样式】对话框的"公差"选项卡中,可以设置标注文字中公差的格式及显示,如图 9-28 所示。

9.5 尺寸标注

在设定好"尺寸样式"后,即可以采用设定好的"尺寸样式"进行尺寸标注。按照标注尺寸的类型,可以将尺寸分成长度尺寸、半径、直径、坐标、指引线、圆心标记等,按照标注的方式,可以将尺寸分成水平、垂直、对齐、连续、基线等。下面按照不同的标注方法介绍标注命令。

图 9-28 "公差"选项

9.5.1 线性尺寸标注

线性尺寸标注指两点可以通过指定两点之间的水平或垂直距离尺寸,也可以是旋转一定角度的直线尺寸。定义可以通过指定两点、选择直线或圆弧等能够识别两个端点的对象来确定。

启用"线性尺寸"标注命令有以下方法:

★ 单击标注工具栏上的"线性标注"按钮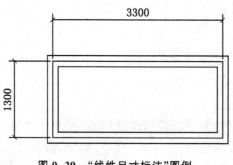

★ 输入命令:DIMLINEAR

【例 9-1】 图 9-29 标注线性尺寸。

图 9-29 "线性尺寸标注"图例

9.5.2 对齐标注

对倾斜的对象进行标注时,可以使用【对齐】命令。对齐尺寸的特点是尺寸线平行于倾斜的标注对象。

启用"对齐"命令有以下方法:

★ 单击【标注】工具栏中的"对齐标注"按钮

★ 输入命令:DlMALIGNED

【例9-2】 采用对齐标注方式标注图9-30所示的墙长。

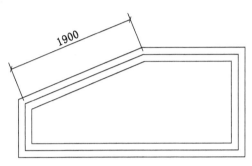

图9-30 "对齐标注"图例

9.5.3 角度标注

角度尺寸标注用于标注圆或圆弧的角度、两条非平行直线间的角度、三点之间的角。AutoCAD提供了"角度"命令,用于创建角度尺寸标注。

启用"角度"命令有以下方法:

★ 单击【标注】工具栏中的【角度标注】按钮

★ 输入命令:DIMANGULAR

【例9-3】 标注图9-31所示的角的不同方向尺寸。

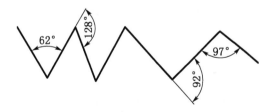

图9-31 直线间角度的标注

9.5.4 标注半径尺寸

半径标注是由一条具有指向圆或圆弧的箭头的半径尺寸线组成,测量圆或圆弧半径时,自动生成的标注文字前将显示一个表示半径长度的字母"R"。

启用"半径标注"命令有以下方法：

★ 单击【标注】工具栏中的"半径标注"按钮 📎

★ 输入命令：DIMRADIUS

【例 9-4】 标注图 9-32 所示圆弧和圆的半径尺寸。

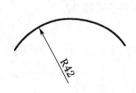
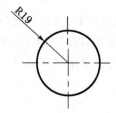

图 9-32 半径标注图例

9.5.5 标注直径尺寸

与圆或圆弧半径的标注方法相似。

启用"直径标注"命令有以下方法：

★ 单击【标注】工具栏中的"直径标注"按钮 📎

★ 输入命令：DIMDIAMETER

【例 9-5】 标注图 9-33 所示圆和圆弧的直径。

图 9-33 直径标注图例

9.5.6 连续标注

连续尺寸标注是工程制图(特别是多用于建筑制图)中常用的一种标注方式,指一系列首尾相连的尺寸标注。其中,相邻的两个尺寸标注间的尺寸界线作为公用界线。

启用"连续标注"命令有以下方法：

★ 单击【标注】工具栏中的"连续"按钮 ┣┿┫

★ 输入命令：DCO(DIMCONTINUE)

【例 9-6】 对图 9-34 中的图形进行连续标注。

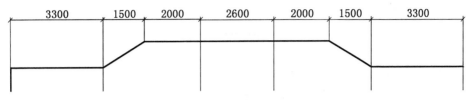

图 9-34　连续标注图例

9.5.7　基线标注

对于从一条尺寸界线出发的基线尺寸标注,可以快速进行标注,无须手动设置两条尺寸线之间的间隔。

启用"基线标注"命令有以下方法:

★ 单击【标注】工具栏中的"基线"按钮

★ 输入命令:DIMBASELINE

【例 9-7】　采用基线标注方式标注图 9-35 中的尺寸。

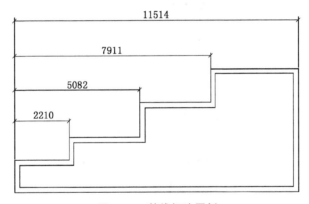

图 9-35　基线标注图例

在使用连续标注和基线标注时,首先第一个尺寸要用线性标注,然后才可以用连续和基线标注,否则无法使用这两种标注方法。

9.5.8　引线标注

在 AutoCAD 中,可使用多重引线标注命令创建引线标注。多重引线标注由带箭头或不带箭头的直线或样条曲线(又称引线),一条短水平线(又称基线),以及处于引线末端的文字或块组成,如图 9-36 所示。

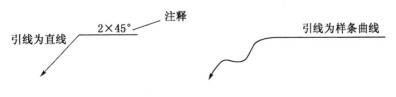

图 9-36　引线标注示例

练习题

1. 在 AutoCAD 中,可以使用的标注类型有哪些?

2. 根据实际尺寸,按 1∶1 比例绘制图 9-37 所示图形,并标注尺寸。

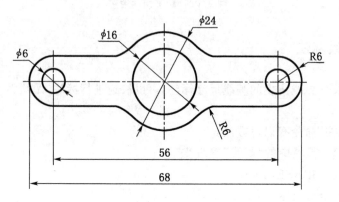

图 9-37 尺寸标注

3. 按 1∶1 绘制如图 9-38 所示的图形,建立尺寸标注层,设置合适的尺寸标注样式完成图形。

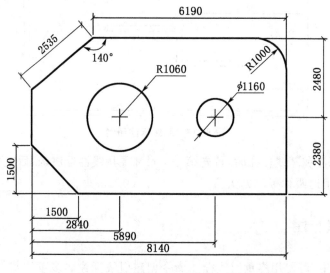

图 9-38 尺寸标注

10

绘制建筑平面图

10.1 解析建筑平面图

10.1.1 建筑平面图的内容和用途

建筑平面图应在建筑物的门窗洞口处,假想用一个水平的剖切平面将房屋剖开,所得到的水平剖面图(俯视),简称平面图。它反映出房屋的平面形状,大小和房间的布置,墙(或柱)的位置及断面形状,所用的材料,门窗位置、大小和开启方向等情况。它是房屋施工时进行测量、放线和门窗安装等工作的依据。建筑平面图应包括被剖切到的断面、可见的建筑构造和必要的尺寸、标高等内容。

根据剖切平面的位置不同,建筑平面图可分为以下几类:

1)底层平面图

又称为首层平面图或一层平面图。它是所有建筑平面图中首先绘制的一张图,绘制这张图时,应将剖切平面设置在房屋的一层地面和二楼楼地面之间,并且尽量通过该层上所有的门窗洞口。

2)标准层平面图

由于房屋内部平面布置的不同,所以对于多层或高层建筑而言,应该每一层均有一张平面图,其名称就用本身的层数来命名,例如"二层平面图"等。但在实际的建筑设计中,多层或高层建筑往往存在许多相同或相近平面布置形式的楼层,因此在实际绘图时,可将这些相同或相近的楼层合用一张平面图来表示。这张合用的图就叫做"标准层平面图"。

3)顶层平面图

4)屋顶平面图

屋顶平面图中显示出屋面排水情况,能突出屋面的物体和屋面的细部做法。

5)其他平面图

在多层和高层建筑中,若有地下室,则还应有地下负一层、地下负二层等平面图。

10.1.2 建筑平面图绘图规范和要求

由于平面图一般采用1:50、1:100、1:200的比例绘制,各层平面图中的楼梯、门窗、卫生设备等都不能按照实际形状画出,均采用国家标准规定的图例来表示,而相应的具体构造用较大比例的详图表达。

平面图上标注的尺寸有外部尺寸和内部尺寸两种。所标注的尺寸以 mm 为单位,标高以 m 为单位。

外部应标注三道尺寸,最里面一道是细部尺寸,标注外墙、门窗洞、窗与墙尺寸,这道尺寸应从轴线标注起;中间一道是轴线尺寸,标注房间的开间与进深尺寸,是承重构件的定位尺寸;最外面一道是总尺寸,标注房屋的总长、总宽。如果房屋是对称的,一般在图形的左侧和下方标注外部尺寸;如果平面图不对称,则须在各个方向标注尺寸,或在不对称的部分标注外部尺寸。

应标注房屋内墙门窗洞、墙厚及轴线的关系、柱子截面、门垛等细部尺寸,房间长、宽方向净空尺寸。底层平面图中还应有室外散水、台阶等尺寸。

平面图上应标注各层楼地面、门窗洞底、楼梯休息平台面、台阶顶面、阳台顶面和室外地坪的相对标高,以表示各部位对于标高±0.000 的相对高度。

此外,对于有断面图或详图的地方,还应有剖切符号及断面图的编号,在平面图中标注清楚,以配合平面图的识读。

10.2　绘制建筑平面图

本节以图 10-1 所示的建筑平面图为例,介绍建筑平面图的绘制方法。

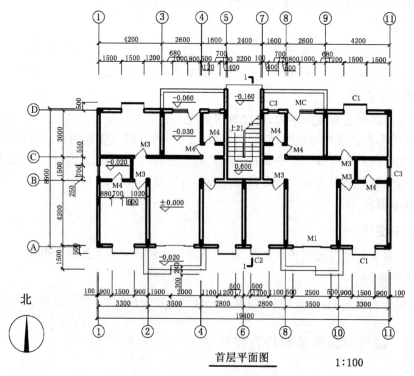

图 10-1　建筑平面图图例

10.2.1 设置绘图环境

1）新建图形文件

★ 单击标准工具栏上"新建"按钮

系统弹出【选择样板】对话框，单击"打开"按钮旁边的下三角按钮，选择"无样板打开—公制"选项，如图 10-2 所示。

图 10-2 新建图形文件

2）设置绘图单位

★ 选择→【格式】→【单位】菜单命令

系统弹出【图形单位】对话框，在"长度"选项区域的"类型"下拉列表框中选择"小数"选项，在"精度"下拉列表框中选择"0.00"选项，即数据只精确到百分位，如图 10-3 所示。

3）设置图形界限

★ 选择→【格式】→【图形界限】菜单命令

在命令行输入区域的左下角及右上角点，按系统提示，设置图形界限。

命令：'_limits   //启用"图形界限"命令

重新设置模型空间界限：

指定左下角点或[开(ON)/关(OFF)]〈0.0000,0.0000〉：//按【Enter】键

指定右上角点〈420.0000,297.0000〉：42000,29700   //输入新的图形界限

4）设置图层

单击"图层"工具栏上的命令 。设置定位轴线层、墙体层、门层、窗层、标注层等。定位轴线层，颜色为红色，线型为单点长划线，细线。墙体层，颜色黑色，线型是实线，线宽为粗线。

图 10-3 设置图形单位

门、窗、标注层颜色区分,均为细实线设置。

10.2.2　绘制定位轴线

设置轴线图层的线型为细单点长划线线型,颜色为红色。绘制建筑平面图,首先要绘制定位轴线,将"轴线"设置为当前图层,尺寸如图 10-4 所示。

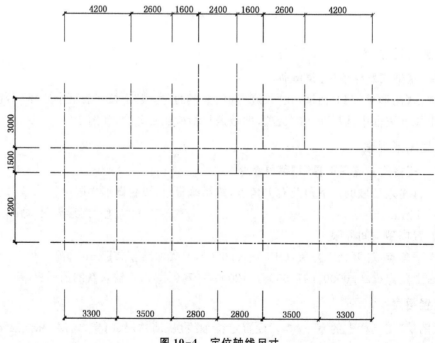

图 10-4　定位轴线尺寸

绘制步骤如下：

命令：_line 指定第一点： 　　　　　　　//启用"直线"命令

指定下一点或[放弃(U)]:20000 　　　　//绘制最下面的 A 定位轴线

命令：_copy

选择对象:指定对角点:找到 1 个

指定基点或位移,或者[重复(M)]:指定位移的第二点或〈用第一点作位移〉:4200

　　　　　　　　　　　　　　　　//将 A 向上复制 4200 距离,绘制 B 定位轴线

命令：_copy

选择对象:找到 1 个

选择对象:

指定基点或位移,或者[重复(M)]:指定位移的第二点或〈用第一点作位移〉:1500

　　　　　　　　　　　　　　　　//将 A 向上复制 1500 距离,绘制 C 定位轴线

命令：_copy

选择对象:找到 1 个

选择对象:

指定基点或位移,或者[重复(M)]:指定位移的第二点或〈用第一点作位移〉:3000

　　　　　　　　　　　　　　　　//将 A 向上复制 3000 距离,绘制 D 定位轴线

横向的 1 到 11 定位轴线按照同样的画法。完成绘制如图 10-4 所示。

从图 10-4 中的定位轴线尺寸可以看出,此平面图形左右对称,只要画出左半部,右半部镜像即可。

10.2.3　绘制墙体

(1) 将墙体层设置为粗实线,颜色黑色。运用多线命令绘制,绘制图案之前,先进行多线样式的设置,如图 10-5。

图 10-5　多线样式设置

多线的元素特性中偏移量设置如图 10-6 所示。

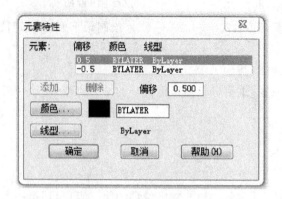

图 10-6　多线的元素特性

多线特性中起点和端点以直线封口,如图 10-7 所示。

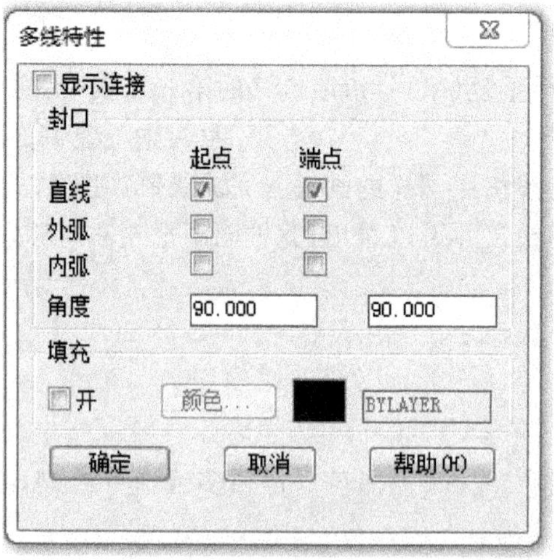

图 10-7　多线特性

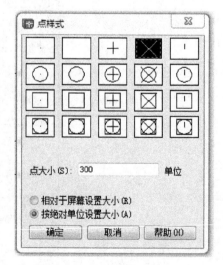

图 10-8　点样式设置

绘制墙体,运行多线命令 ML,除 C 轴线墙和卫生间墙厚为 120 mm,其余均为 200 mm。

外部标注的三道尺寸中,最里面一道是细部尺寸,标注外墙、门窗洞、窗与墙尺寸,这道尺寸应从轴线标注起。根据这一排尺寸确定墙体的位置。

(2)用点命令 ▪ 辅助绘制,设置点的样式,在格式下拉菜单中的点样式,选择第一行的第四个样式 ⊠ ,如图 10-8 所示。

打点确定墙体的位置,完成如图 10-9 所示。

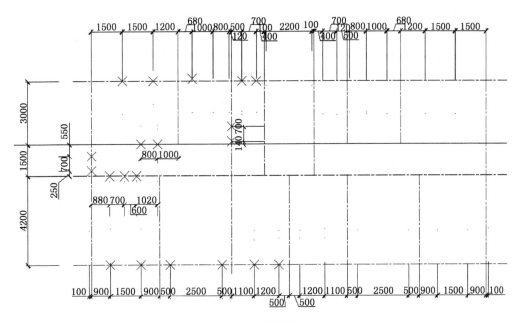

图 10-9　点的绘制

绘制左下角墙体,如图 10-10。

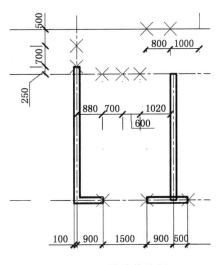

图 10-10　墙体的绘制

命令:MLINE

当前设置:对正=无,比例=200.00,样式=WALL　　　//墙厚为 200 mm,比例选为 200

指定起点或[对正(J)/比例(S)/样式(ST)]:　　　　//对象捕捉中节点捕捉打开

指定下一点:

指定下一点或[放弃(U)]:

命令:MLINE

指定起点或[对正(J)/比例(S)/样式(ST)]:　　　　　//对象捕捉中节点捕捉打开

指定下一点：

……

对 T 型的多线绘制图形进行修改,在修改的下拉菜单中,点击对象子菜单里的多线选项,出现多线编辑工具,如图 10-11。选择 T 型合并,对画好的多线修改。修改好的效果如图 10-12。

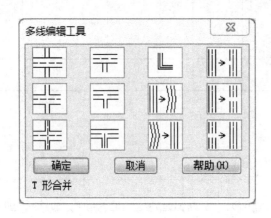

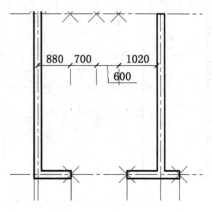

图 10-11 多线编辑工具   图 10-12 修改多线

多线的长度可以像直线绘制一样,直接用键盘输入长度值确定。打点辅助后可用对象捕捉的方式确定多线长度。若在绘制过程中,长度需要修改,点击多线对象,呈现蓝色小方框时,单击小方框变成红色,此时被激活,可以拉伸多线到修改位置,如图 10-13 中右侧墙体长度拉伸成图 10-14 所示。

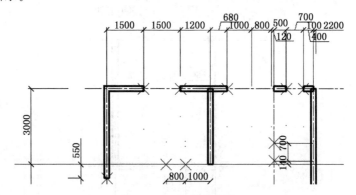

图 10-13 拉伸前墙体

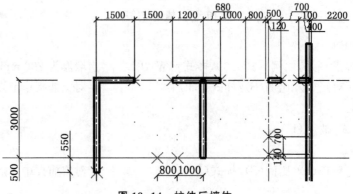

图 10-14 拉伸后墙体

命令:

＊＊拉伸＊＊

指定拉伸点或[基点(B)/复制(C)/放弃(U)/退出(X)]:1400

（3）C 轴线墙和卫生间墙厚为 120 mm,绘制这些墙体时多线的比例选择为 120。如图 10-15 所示。将左侧的墙体都绘出,效果如图 10-16。选择"镜像"命令,将左侧图形镜像到右侧,整个平面图中的墙体绘制出来,如图 10-17。

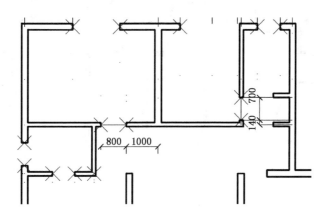

图 10-15 卫生间及 C 轴线墙体的绘制

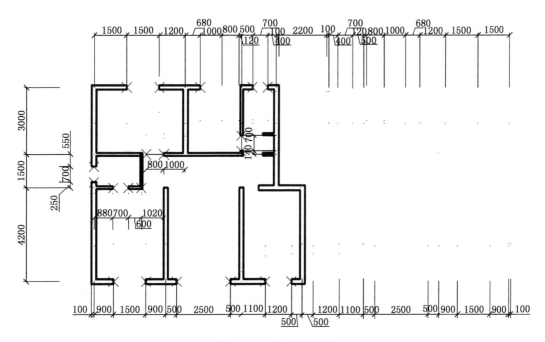

图 10-16 墙体的绘制

镜像后中部成图 10-18 所示,此时选择多线编辑工具不好修改,将多线分解成直线,再进行修剪 ⊷ ,得到图 10-19。

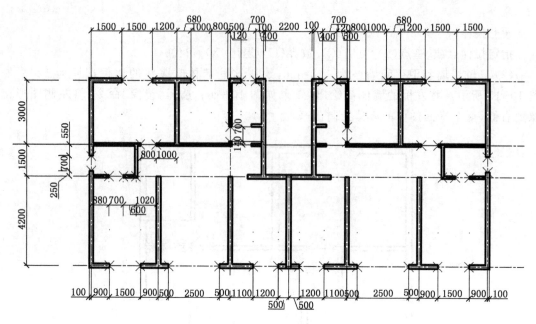

图 10-17　镜像

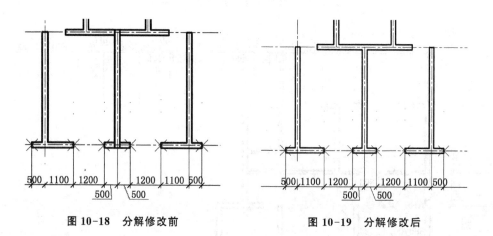

图 10-18　分解修改前　　　　　　　　图 10-19　分解修改后

10.2.4　绘制门层

设置当前图层为门层开始绘制。平面图中门的型号有 M1、M2、M3、M4 和 MC 多种型号。单扇门的规范画法如图 10-20。

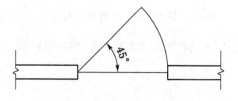

图 10-20　门的规范画法

　　门窗表中 M1 门的洞宽 2500 mm,洞高 2500 mm。M2 门的洞宽 900 mm,洞高 2200 mm。M3 门的洞宽 800 mm,洞高 2200 mm。M4 门的洞宽 700 mm,洞高 2200 mm。MC 洞宽和洞高见图 10-21 中尺寸。

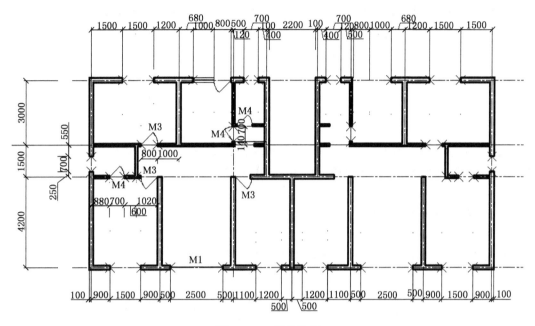

图 10-21　门的绘制

将左侧门选中,选择"镜像"命令,将左侧图形镜像到右侧,如图 10-22。

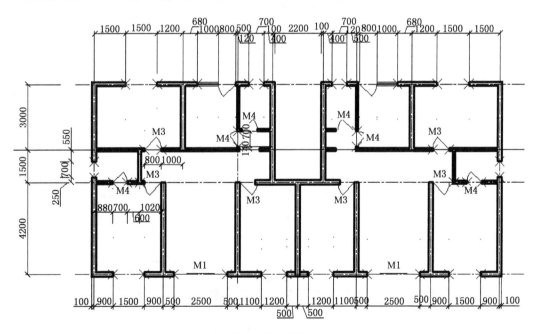

图 10-22　镜像

10.2.5 绘制窗层

将窗层调成当前图层绘制,窗户有 C1、C2、C3 型号。窗图例画法见图 10-23。

图 10-23 窗

选择"多线"命令,绘制窗。门窗表中 C1 的洞宽 1500 mm,洞高 1600 mm。窗 C2 的洞宽 1200 mm,洞高 1600 mm。C3 的洞宽 700 mm,洞高 1200 mm。

10.2.6 绘制其他层

其他的楼梯间以及阳台的投影绘制,绘制过程见图 10-24~图 10-26。

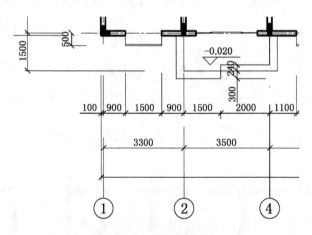

图 10-24 细节的绘制

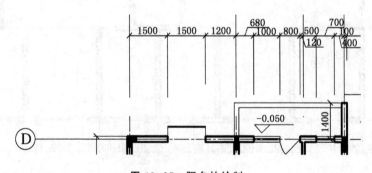

图 10-25 阳台的绘制

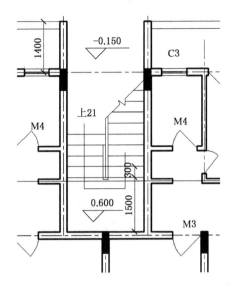

图 10-26　楼梯间的绘制

10.2.7　绘制标注层

平面图上应标注各层楼地面、门窗洞底、楼梯休息平台面、台阶顶面、阳台顶面和室外地坪的相对标高,例如图 10-26 中的标高−0.150。按照制图国家标准绘制标高符号,标高符号的高度约为 3 mm,两斜线与水平线的夹角均为 45°。

平面图上标注应标注出房屋内墙门窗洞、墙厚及轴线的关系、柱子截面、门垛等细部尺寸,房间长、宽方向净空尺寸。

设置标注样式,在格式下拉菜单中选择标注样式,弹出如图 10-27 所示的窗口。

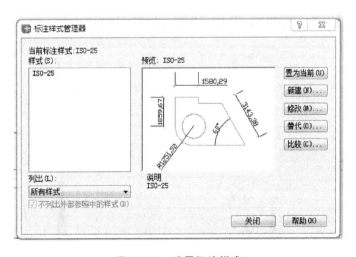

图 10-27　设置标注样式

将直线和箭头中的箭头设置为建筑标记,调整中标注使用全局比例设置为 80,标注出的尺寸大小合适。

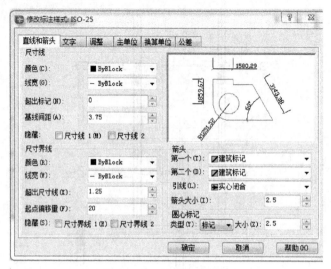

图 10-28　设置标注样式

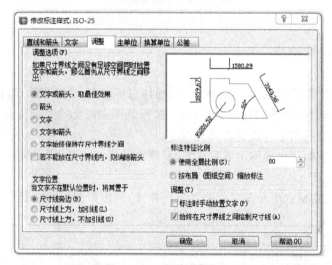

图 10-29　设置标注样式

　　将定位轴线圆圈绘制出来。选择"圆" ⊘ 命令,直径为 800 mm。多行文字输入数字或字母,如图 10-30。

图 10-30　定位轴线圆圈

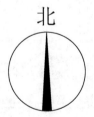

图 10-31　指北针

　　在首层平面图中左下角绘制指北针,指北针的形状如图 10-31 所示。其圆的直径为 2400 mm,细实线绘制。指针尖为北向,并写出"北"字,指针尾部宽度为 3 mm。

10.2.8　绘制文本层

用多行文字写入文字说明,选择"多行文字" **A** 命令,输入门窗编号,例如 M1、C3 等。
图形下方写上图名"首层平面图",比例为 1:100,完成首层平面图的绘制,见图 10-32 所示。

首层平面图　　　　1:100

图 10-32

练习题

根据图 10-33 所示尺寸,绘制建筑平面图形。

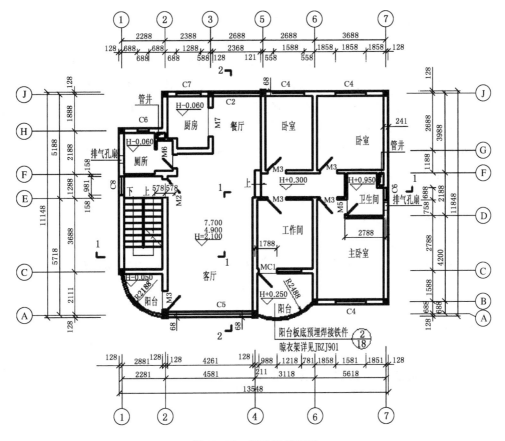

图 10-33　标准层平面图

11

绘制建筑立面图

11.1 解析建筑立面图

11.1.1 建筑立面图的内容和用途

一座建筑物是否美观,主要体现在立面上的造型、装修与艺术处理是否优美。在与房屋立面平行的投影面上所作的房屋正投影图,称为建筑立面图,简称立面图。它可以表示建筑物的体型和外貌,即可以表示建筑物从外面看到的样子,窗户、门等是如何嵌入墙壁中等。有的建筑立面图还标明外墙装饰要求等。

立面图表示建筑物体型和外貌,主要为建筑施工和室外装修用,其主要内容包括:

(1) 图名、比例。

(2) 立面图两端的定位轴线及其编号。

(3) 室外地面线及建筑物可见的外轮廓线。

(4) 门窗的形状、位置及其开启方向。

(5) 各种墙面、台阶、雨篷、阳台、雨水管、窗台等建筑构造和构配件的位置、形状、做法等。

(6) 外墙各主要部位的标高及必要的局部尺寸。

(7) 详图索引符号及其他文字说明等。

11.1.2 建筑立面图绘图规范和要求

1) 命名

立面图的命名方式较多,常用的有以下三种:

(1) 按立面的主次命名

房屋主要入口或反映建筑物外貌主要特征所在的面称为正面,当观察者面向房屋的正面站立时,从前面向后所得的正投影图是正立面图,从后向前的则是背立面图,从左向右的称为左侧立面图,而从右向左的称为左侧立面图。

（2）按房屋的朝向命名

建筑物朝向比较明显的,也可按房屋的朝向来命名立面图。立面图可称为南立面图、北立面图、东立面图和西立面图。

（3）按轴线编号命名

根据建筑物平面图两端的轴线编号命名,如①～⑩立面图。

2）比例

立面图的比例通常与平面图相同,常用 1∶50、1∶100 和 1∶200 的较小比例绘制。

3）定位轴线

在立面图中一般只画出建筑物的轴线及编号,以便与平面图对照阅读,确定立面图的观看方向。

4）图例

由于比例小,按投影很难将所有细部都表达清楚,如门、窗等都是用图例来绘制,且只画出主要轮廓线及分格线,门窗框用双线。常用构造及配件图例可参阅相关的建筑制图书籍或国家标准。

5）尺寸和标高

立面图中高度方向的尺寸主要是用标高的形式标注,主要包括建筑物室内外地坪、各楼层地面、窗台、门窗洞顶部、檐口、阳台底部、女儿墙压顶及水箱顶部等。在所标注处画水平引出线,标高符号一般画在图形外,符号大小应一致,整齐地排列在同一铅垂线上。为了更清楚起见,必要时可标注在图内,如楼梯间的窗台面标高。标高符号的注法及形式,如图 11-1 所示。若建筑立面图左右对称,标高应标注在左侧,否则两侧均应标注。

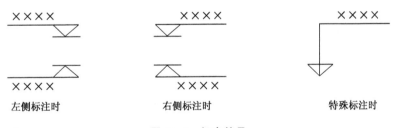

| 左侧标注时 | 右侧标注时 | 特殊标注时 |

图 11-1　标高符号

除了标注标高尺寸外,在竖直方向还应标注三道尺寸。最外面一道标注建筑的总高尺寸,中间一道标注层高尺寸,最里面一道标注室内外高差、门窗洞口、垂直方向窗间墙、窗下墙、檐口高度等尺寸。

立面图上水平方向一般不标注尺寸,但有时须标注出无详图的局部尺寸。

6）其他标注

房屋外墙面的各部分装饰材料、具体做法、色彩等用指引线引出并用文字加以说明,如东西端外墙为浅红色马赛克贴面,窗洞周边、檐口及阳台栏板边为白水泥粉面等。这部分内容也可以在建筑室内外工程做法说明表中给予说明。

11.2 绘制建筑立面图

本节介绍绘制建筑立面图的主要步骤,图形效果如图 11-2 所示。

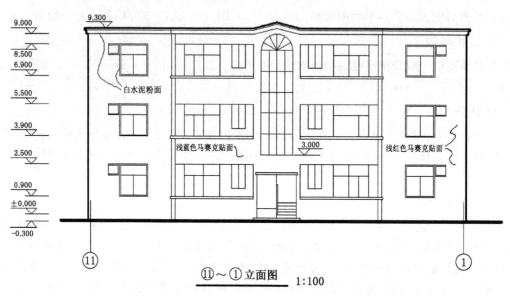

图 11-2 建筑立面图

11.2.1 绘制定位轴线

将平面图的定位轴线和立面图中的 11 和 1 定位轴线联系起来,可以将平面图的定位轴线镜像成左边 11 定位轴线、右边 1 定位轴线的标法。如图 11-3 所示。

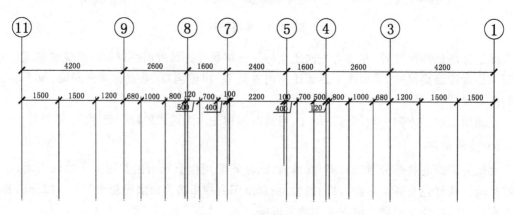

图 11-3 定位轴线图形

11.2.2 绘制辅助线层

1）绘制标高符号

按照制图国家标准,标高符号的高度约为 3 mm,两斜线与水平线的夹角均为 45°。如图 11-4 所示。

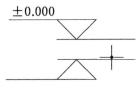

图 11-4 标高符号

2）绘制室外地坪线

用加粗实线(1.4b)绘制,加粗效果使得建筑立面具有稳定感,有立起来的效果。

3）根据标高位置绘制水平辅助线

用直线命令,由标高的引出位置绘制辅助。标高标注主要包括建筑物室内外地坪、楼层地面、窗台、门窗洞顶部、檐口、阳台底部等。

选择"偏移" 命令,依次向上偏移水平辅助线。图形效果如图 11-5 所示。

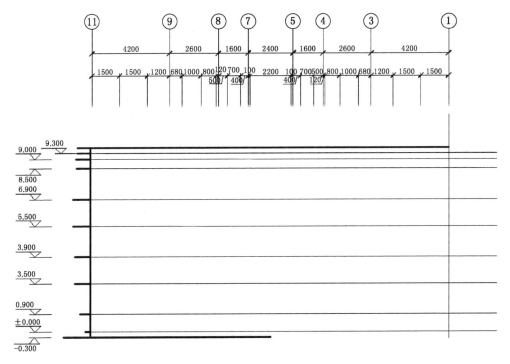

图 11-5 水平辅助线

4）根据定位轴线绘制垂直辅助线

用直线绘制辅助线，对应门口洞口的位置。如图 11-6 所示。

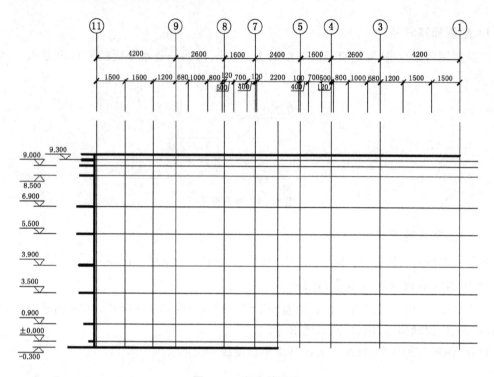

图 11-6 竖直辅助线

11.2.3 绘制门窗层

（1）第 11 定位轴线的右边是 C1 窗，C1 窗的洞宽是 1500 mm，洞高是 1600 mm。选择"直线"按钮，绘制出窗户的主要轮廓线，如图 11-7 所示。

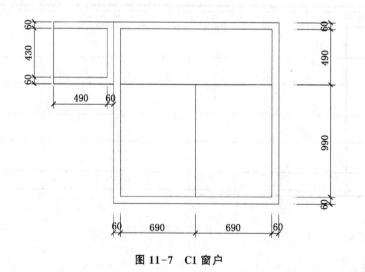

图 11-7 C1 窗户

在标高 0.900～2.500 的水平辅助线之间绘制出 C1 窗户,如图 11-8 所示。

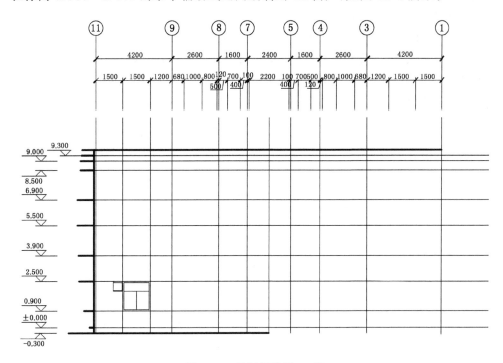

图 11-8 绘制标准层 C1 窗

绘制好底层窗户,将 C1 窗复制两个。在标高 3.900～5.500 之间绘制一个 C1 窗。选择"复制"按钮 ,将基点选择 A 点,指定的第二点在 B 点上。同样的方法在 6.900～8.500 之间复制 C1 窗。如图 11-9 所示。

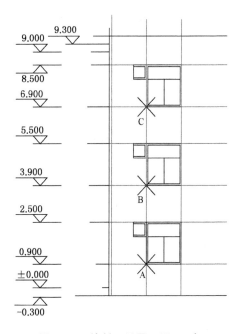

图 11-9 绘制二层及三层 C1 窗

命令：_copy 找到 9 个

指定基点或[位移(D)]〈位移〉：　　　　　　　　　//基点选择 A 点

指定第二个点或〈使用第一个点作为位移〉：　　　　//单击 B 点

指定第二个点或[退出(E)/放弃(U)]〈退出〉：　　　//单击 C 点

指定第二个点或[退出(E)/放弃(U)]〈退出〉：

(2) C1 窗的右侧是 MC 型号，尺寸如图 11-10 所示。

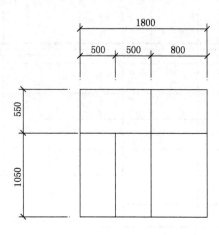

图 11-10　MC 窗

MC 窗右侧是 C3 窗，洞宽是 700 mm，洞高是 1200 mm。

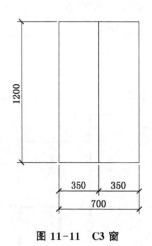

图 11-11　C3 窗

绘制好的门窗如图 11-12 所示。

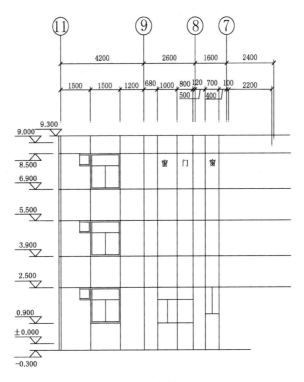

图 11-12 门窗的绘制（1）

选择"复制"按钮 🐝 命令，完成二层及三层门窗 MC、C3 窗的绘制。如图 11-13 所示。

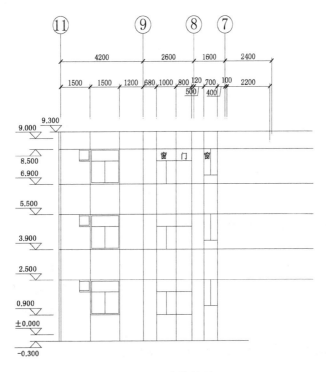

图 11-13 门窗的绘制（2）

(3) 选择"直线"按钮 ╱ 绘制其他檐口线条,尺寸如图 11-14 所示。将三层连接,如图 11-15 所示。

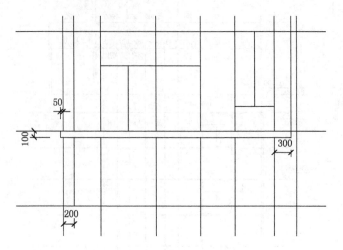

图 11-14　其他檐口绘制(1)

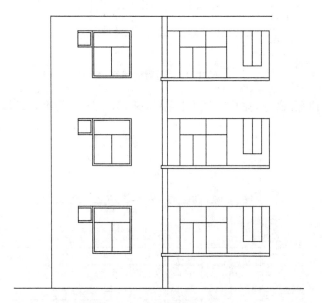

图 11-15　其他檐口绘制(2)

将对称的图像镜像,选择"镜像" ⚎ 命令,选取左侧图形,镜像立面右侧部分。完成如图 11-16 所示。

命令:_mirror 找到 116 个　　　　　　　　//选择左侧对象
指定镜像线的第一点:　　　　　　　　　　//基点选择 E 点
指定镜像线的第二点:　　　　　　　　　　//基点选择 F 点
是否删除源对象?[是(Y)/否(N)]〈N〉:
(4) 绘制中间的连通窗,尺寸标注如图 11-17 所示。

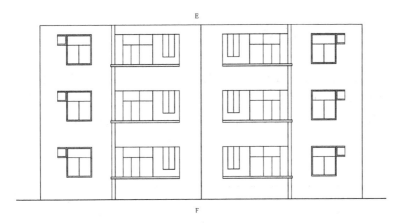

图 11-16　镜像

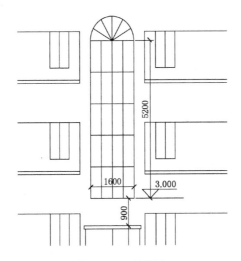

图 11-17　连通窗

底层的大门投影,选择直线、偏移、镜像等命令,完成如图 11-18 所示图形。

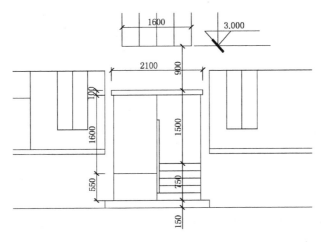

图 11-18　底层大门

11.2.4 绘制建筑外轮廓层

用粗实线(b)绘制,建立外轮廓线层,线型是 continuous。选择"偏移"按钮 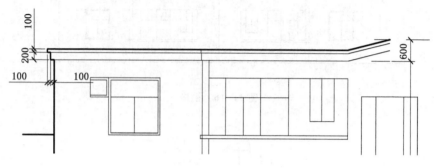,绘制 11 定位轴线外侧轮廓线,偏移定位轴线 100 mm 距离。

如图 11-19 所示房顶立面造型,中间最高尖顶的标高为 9.600 m。

图 11-19 房顶立面造型

11.2.5 绘制文本层

用多行文字写入立面装饰的文字说明,选择"多行文字" A 命令,在左侧输入"白水泥粉面"文字,用"样条曲线" ～ 命令绘制引出曲线,如图 11-20 所示。

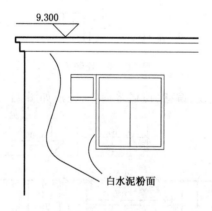

图 11-20 输入文字

继续输入"浅蓝色马赛克贴面"和"浅红色马赛克贴面",如图 11-21。

11.2.6 整理图形

将定位轴线圆圈 11 和 1 绘制出来。选择"圆" ⊙ 命令,直径为 800mm。多行文字输入数字"11",如图 11-22 所示。

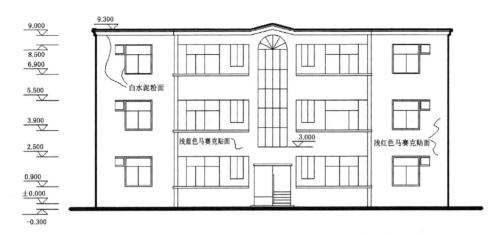

图 11-21　输入文字

图 11-22　定位轴线圆圈

选择"复制"命令,将 11 定位轴线圆圈复制,修改其中的文字为数字"1"。

图形中间下方输入图名"⑪～①立面图",比例尺为 1∶100,完成立面图的绘制。

练习题

尺寸如图 11-23 所示,绘制下面的立面图。

①～⑦ 立面图1:100

图 11-23　立面图

12 建筑剖面图的绘制

12.1 解析建筑剖面图

12.1.1 建筑剖面图的形成

建筑剖面图是假想用一个或多个垂直于外墙轴线的正平面或侧平面将房屋剖切开,移去构造简单的一半,将剩余部分向投影面投影所得的视图。剖面图简要反映了建筑的内部结构、分层、高度、材料等情况以及各部位间的联系,是与建筑平面图、立面图相配合的不可缺少的工程图样。剖面图的数量是根据房屋的具体情况和施工实际需要而决定的。剖切面应选择在房屋内部结构比较复杂或典型的部位,一般为通过门窗洞口的位置;多层房建的剖切面,应通过楼梯间与主要入口或是在层高不同、层数不同的部位。剖面图的图名编号应与平面图上所标注剖切符号的编号对应。

12.1.2 剖面图的图示内容

建筑剖面图应准确地表示出剖切到的或是可见的建筑结构与构件,主要有:

(1) 内外墙、柱及其定位轴线。

(2) 主要建筑结构和构件,如室内外地面、楼板、屋顶、顶棚、雨篷、门窗、楼梯、台阶、阳台、散水、排水沟、坡道等。

(3) 各部位完成面的标高和高度。如室内外地面、各层楼面与楼梯平台、檐口或女儿墙顶面等的标高;门、窗洞口高度,层间高度及建筑总高度。

(4) 节点构造详图索引符号。

(5) 图名、比例。

12.1.3 建筑剖面图的有关规定

(1) 建筑剖面图的比例与平、立面图一致。

(2) 注出剖到或是可见的主要承重构件的轴线及编号,以便读图时与平、立面图对照。

(3) 剖面图中被剖到的室外地面线用特粗线(1.4b),其他被剖到部位的轮廓线用粗实线

（b），未被剖切到但可见部位的轮廓线用中实线(0.5b)，图例和标注用细实线(0.25b)。

（4）被剖切的部位要用材料图例填充断面，若比例小于1：50，可以用涂黑的方式表示钢筋混凝土材料。

12.1.4　建筑剖面图的绘制步骤

（1）绘制建筑物被剖到或是可见的主要承重构件的定位轴线、室内外地面线、各层楼面线、楼梯休息平台顶面线以及屋面线。

（2）绘制剖切到的墙体断面轮廓以及未被剖切到但可见的墙体轮廓。

（3）绘制楼板、楼梯、楼梯休息平台、扶手、台阶、门窗、阳台、屋顶等细部构件轮廓。

（4）绘制各种梁。

（5）用材料图例填充剖切到的断面。

（6）标注必要的尺寸及建筑物各个楼层地面、屋面、平台面的标高。

（7）添加详图索引符号及必要的文字说明。

（8）注写图名、比例，绘制图框和标题，并打印输出。

12.2　绘制建筑剖面图

本章以第10章和第11章的平面图和立面图为基础，为了能反映屋顶结构、层间结构以及阳台、窗户、楼梯的情况，在平面图的1-1位置处用侧平面剖切并向左投影，如图10-1形成该建筑的"1-1剖面图"，如图12-1所示。本章将以此为例介绍绘制建筑剖面图的方法与主要步骤。

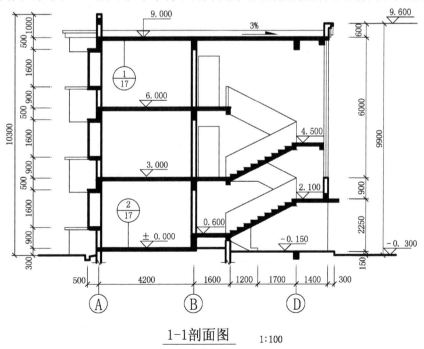

图 12-1　建筑剖面图

12.2.1　设置绘图环境

在原绘制平面图形的绘图环境下,打开图层特性管理器,图层设置如图 12-2 所示。将原平面图形全部删除,将新文件另存为"1-1 剖面图"。

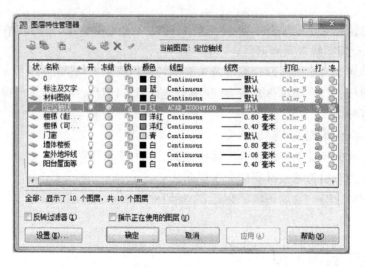

图 12-2　图层设置

12.2.2　绘制定位线

此建筑剖面图的定位线包括定位轴线、外墙线、楼面线、楼梯平台顶面线。将"定位轴线"作为当前图层,选择"直线" ╱ 、"偏移" ⬚ 、"修剪" -/-- 命令,绘制如图 12-3 所示的定位线。

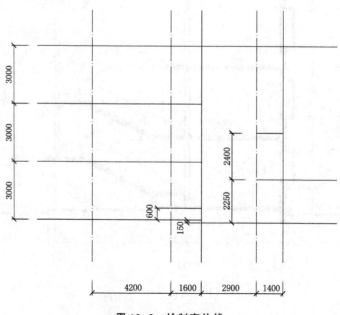

图 12-3　绘制定位线

12.2.3 绘制剖切到的墙体及楼板

1）绘制墙体

将"墙体楼板"作为当前图层,选择"直线" ∕、"偏移" ⤴命令、"修剪" -∕-- 命令,绘制如图 12-4 所示的墙体。

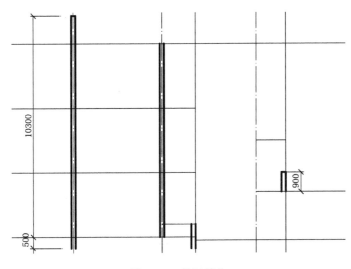

图 12-4　绘制墙体

2）绘制楼板及室内外地面

选择"直线" ∕、"偏移" ⤴、"修剪" -∕-- 命令,绘制如图 12-5 所示的楼板;将"室外地坪线"作为当前图层,绘制如图 12-5 所示的室外地面及排水沟断面。

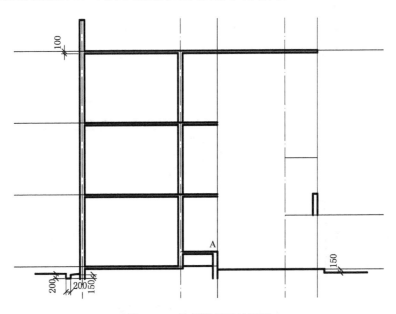

图 12-5　绘制楼板及地面线

12.2.4 绘制楼梯

1）绘制一阶楼梯的断面图

将"楼梯（断面）"作为当前图层,选择"直线" ✏ 命令,绘制如图 12-6 所示的一阶楼梯的断面图形。

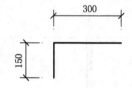

图 12-6　一阶楼梯的断面图

2）复制楼级

选择"复制" ⬚ 命令,复制半程楼梯,数量为 10 个,如图 12-7 所示。

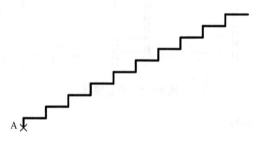

图 12-7　复制楼级

3）绘制休息平台与梯下梁

选择"移动" ✛ 命令,以 A 点为基点将图 12-7 中的图形移到图 12-5 中的 A 点。选择"直线" —/—、"修剪" ✂ 命令,绘制楼梯的休息平台及楼梯梁的轮廓线,如图 12-8 所示。

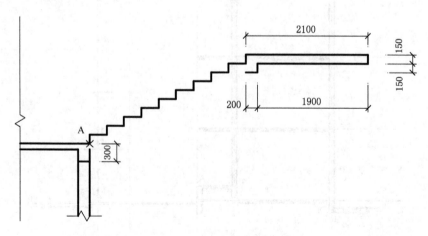

图 12-8　绘制休息平台及梯下梁

4）绘制梯阶厚度

选择"直线" ✏ 命令,关闭"正交"按钮,如图 12-9(a)所示连接 A 点与 B 点。选择"移动" ✛ 命令,以 B 点为基点将 AB 线移到 C 点,选择"修剪" ✂ 命令修剪成图 12-9(b)所示图形。

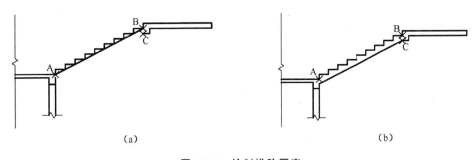

（a） （b）

图 12-9　绘制梯阶厚度

5）绘制栏板

将"楼梯(可见)"作为当前图层,选择"直线" ✏ 命令,绘制如图 12-10 所示楼梯栏板。

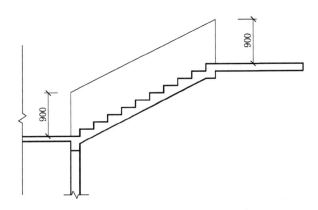

图 12-10　绘制楼梯栏板

6）绘制楼梯间首层的四步台阶及栏板

选择"直线" ✏、"修剪" ✂ 命令,绘制楼梯间首层的四步台阶及栏板,如图 12-11 所示。

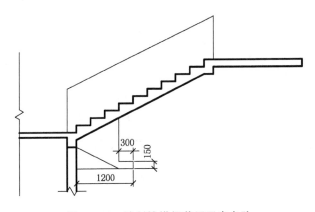

图 12-11　绘制楼梯间首层四步台阶

7）绘制二层楼梯的前半梯段及休息平台

选择"复制" 、"直线" 、"修剪" 命令，完成二层楼梯的前半梯段及休息平台的绘制，如图 12-12 所示。

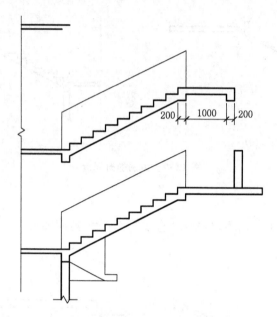

图 12-12 绘制二层楼梯的前半梯段

8）完成楼梯的绘制

选择"直线" 、"复制" 、"修剪" 、"镜像" 命令，完成楼梯绘制，如图 12-13 所示。注意后半梯段的梯级底线是通过前半梯段的梯级底线镜像、修剪得到的。

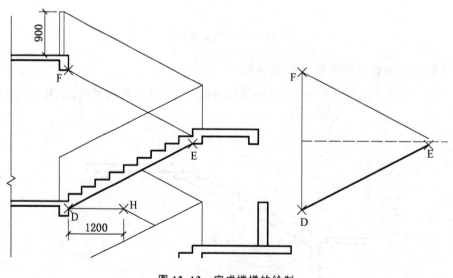

图 12-13 完成楼梯的绘制

12.2.5　绘制门和窗

将"门窗"作为当前图层,选择"直线" ✏ 命令绘制门框;选择→【绘图】→【多线】启用"多线"命令,绘制楼梯间窗户,如图 12-14 所示。

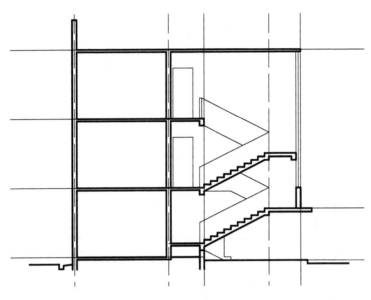

图 12-14　绘制门窗

12.2.6　绘制阳台及飘窗

将"阳台屋面等"作为当前图层,选择"直线" ✏ 、"复制" 🗐 、"修剪" ✂ 命令,绘制阳台及飘窗,如图 12-15 所示。

12.2.7　绘制屋顶

选择"偏移" ⬚ 、"直线" ✏ 、"修剪" ✂ 命令绘制屋顶构造,如图 12-16 所示。

12.2.8　完成梁的绘制

选择"直线" ✏ 、"偏移" ⬚ 、"修剪" ✂ 、"复制" 🗐 命令,按图 12-17 绘制梁。

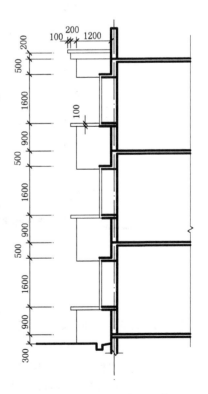

图 12-15　绘制阳台及飘窗

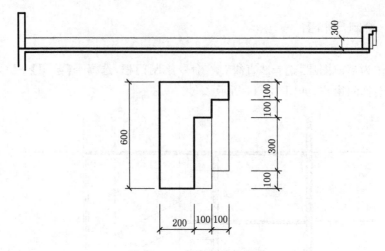

图 12-16　屋顶构造轮廓线

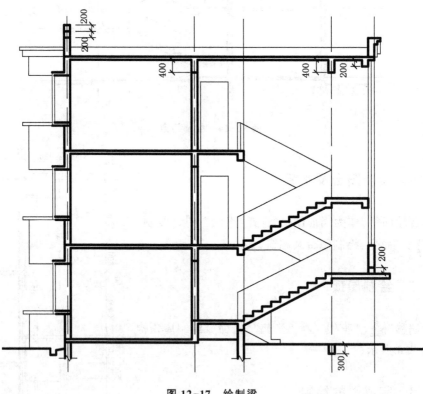

图 12-17　绘制梁

12.2.9　完成尺寸标注

（1）选择"直线" ✎ 、"偏移" ⅋ 命令，按图 12-18 所示绘制尺寸标注的框架线。

（2）选择→【标注】→【线性】按图 12-1 所示，完成尺寸标注。

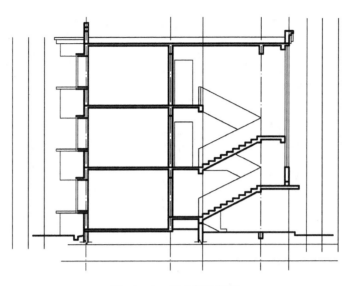

图 12-18　尺寸标注框架

12.2.10　绘制标高、定位轴线、坡度、详图索引符号

以下讲解如何通过创建带属性的块的方式，完成标高、定位轴线、坡度、详图索引符号的绘制。定义带有属性的图块时，需先将图块的属性进行定义，再将图块的图形与属性一起创建为图块。

1）绘制标高符号

（1）选择"直线" ╱ 命令，绘制"标高"符号的图形，如图 12-19 所示。

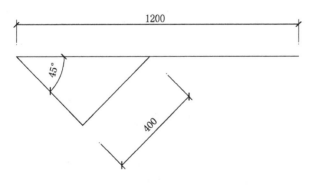

图 12-19　标高符号

（2）选择→【绘图】→【块】→【定义属性】菜单命令，在弹出的【属性定义】对话框中设置标高符号相关属性，如图 12-20 所示。

（3）单击【属性定义】对话框中的 ▆▆▆确定▆▆▆ 按钮，在绘图窗口中指定属性的插入点，如图 12-21(a)所示，在文本的左下角单击鼠标，完成图形效果如图 12-21(b)所示。

图 12-20 设置标高符号的属性

（a）   （b）

图 12-21 完成属性定义

（4）选择"创建块"命令,弹出【块定义】对话框,如图 12-22 所示,在"名称"中输入块的名

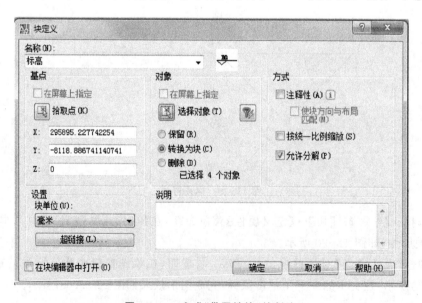

图 12-22 完成"带属性块"的创建

称"标高";单击"拾取点"按钮 ，在绘图窗口选择基点，如图 12-23 所示；单击"选择对象"按钮 ，在绘图窗口中将图 12-21(b)所示的图形全选，按回车键；在【块定义】对话框中单击 确定 按钮；在【编辑属性】对话框中单击 确定 按钮，如图 12-24 所示。完成后图形效果如图 12-25 所示。

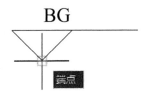

图 12-23 选择基点

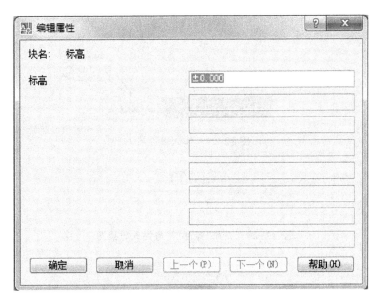

图 12-24 【编辑属性】对话框

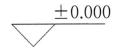

图 12-25 完成后图形效果

（5）选择"插入块"命令，弹出【插入】对话框，如图 12-26 所示，单击 确定 按钮，在绘图窗口内相应的位置单击，并在命令提示行输入标高参数值，如图 12-27 所示。完成后的效果图如图 12-28 所示。

2）绘制详图索引符号

（1）按照图 12-29 所示，绘制"详图索引"符号的图形。

图 12-26　插入带属性的块

图 12-27　输入属性值

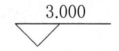

图 12-28　完成"标高"符号插入效果图

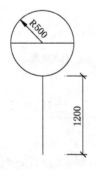

图 12-29　详图索引符号图形

　　(2) 选择→【绘图】→【块】→【定义属性】,设置详图索引符号的属性。注意:详图索引符号应该有两个属性值,直径线以上的属性值表示详图图号,直径线以下的属性值表示详图所在图纸号,这两个属性应该分别设置。在【属性定义】对话框中,属性 1 的"属性标记"框中输入"SY1","属性提示"框中输入"详图图号",默认值输入"1"。文字设置中"对正方式"选"中心",如图 12-30 所示。单击　确定　按钮,并在绘图窗口内指定属性 1 的插入点并单击,如图 12-31 所示。属性 2 的【属性定义】对话框设置如图 12-32 所示。重复以上步骤,完成属性

2 的设置,完成后的效果如图 12-33 所示。

图 12-30 设置详图索引符号的属性 1

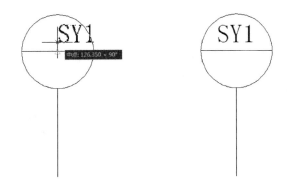

图 12-31 完成属性 1 的定义

图 12-32 设置详图索引符号的属性 2

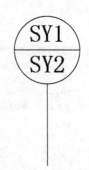

图 12-33 详图索引符号属性设置完成后的效果

(3) 选择"创建块"命令,弹出【块定义】对话框,如图 12-34 所示,在"名称"中输入块的名称"详图索引符号";单击"拾取点"按钮 🔲 ,在绘图窗口选择图 12-35 中 O 点作为基点,单击鼠标右键;单击"选择对象"按钮 🔲 ,在绘图窗口将图 12-33 所示的图形全选,单击鼠标右键;在【块定义】对话框中单击 确定 按钮;在【编辑属性】对话框中单击 确定 按钮。完成后图形效果如图 12-36 所示。

图 12-34 完成"带属性块"的创建

图 12-35 "带属性块"基点选择

图 12-36　带属性的详图索引符号图块

（4）选择"插入块"命令，弹出【插入】对话框，输入块名称"详图索引符号"，单击 **确定** 按钮，在绘图窗口内相应的位置单击，并在命令提示行先后输入 2 个参数值，完成后的效果图如图 12-37(d)所示。

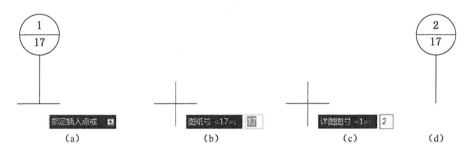

（a）　　　　　　（b）　　　　　　（c）　　　　　　（d）

图 12-37　插入详图索引符号

思考：定位轴线、坡度符号如何用创建带属性块的方式绘制？

12.2.11　断面材料图例填充

前面已经绘制了剖面的大体轮廓，但是还不能正确反映整体剖面的剖切关系，而剖面填充能够有助于体现剖面的基本关系。由于本剖面图比例为 1∶100，可以用涂黑的方式表示钢筋混凝土的图案。将"材料图例填充"置为当前图层，选择"填充" 命令，弹出【图案填充和渐变色】对话框，设置 SOLID 为填充图案，点击"添加拾取点"按钮，如图 12-38 所示，在绘图窗口选取拾取点进行填充，按回车键，单击 **确定** 按钮，填充完成的图形如图 12-1 所示。

12.2.12　注写图名、比例

参照前面的介绍，注写图名与比例，并绘制图框和标题，打印输出图形。

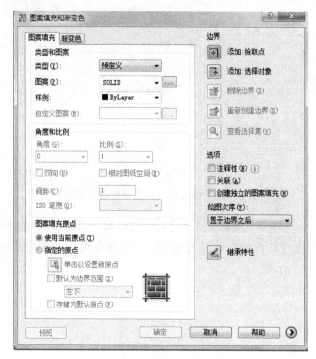

图 12-38　剖面填充设置

练习题

尺寸如图 12-39 所示,绘制下面的剖面图。

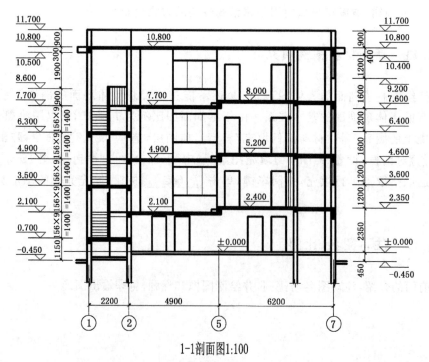

1-1剖面图1:100

图 12-39　剖面图

参 考 文 献

[1] 杨雨松,刘娜. AutoCAD 2006 中文版实用教程[M]. 北京:化学工业出版社,2012.

[2] 刘善淑. AutoCAD 2008 工程制图基础教程[M]. 北京:化学工业出版社,2010.

[3] 吴银柱,吴丽萍. 土建工程 CAD[M]. 北京:高等教育出版社,2013.

[4] 杨月英,於辉. 中文版 AutoCAD 2008 建筑绘图[M]. 北京:机械工业出版社,2011.

[5] 何斌,陈锦昌,王枫红. 建筑制图[M]. 北京:高等教育出版社,2010.